Thilo Hammers

Wärmebehandlung und Recken von verbundstranggepressten Luftfahrtprofilen

Schriftenreihe
des Instituts für Angewandte Materialien

Band 12

Karlsruher Institut für Technologie (KIT)
Institut für Angewandte Materialien (IAM)

Eine Übersicht über alle bisher in dieser Schriftenreihe erschienenen Bände finden Sie am Ende des Buches.

Wärmebehandlung und Recken von verbundstranggepressten Luftfahrtprofilen

von
Thilo Hammers

Überarbeitete Fassung der Dissertation u. d. T.
„Einfluss von Wärmebehandlung und Recken auf die mechanischen Kennwerte und Grenzflächeneigenschaften von verbundstranggepressten Luftfahrtprofilen"

Karlsruher Institut für Technologie (KIT)
Fakultät für Maschinenbau, 2012

Impressum

Karlsruher Institut für Technologie (KIT)
KIT Scientific Publishing
Straße am Forum 2
D-76131 Karlsruhe
www.ksp.kit.edu

KIT – Universität des Landes Baden-Württemberg und nationales Forschungszentrum in der Helmholtz-Gemeinschaft

Diese Veröffentlichung ist im Internet unter folgender Creative Commons-Lizenz publiziert: http://creativecommons.org/licenses/by-nc-nd/3.0/de/

KIT Scientific Publishing 2013
Print on Demand

ISSN 2192-9963
ISBN 978-3-86644-947-3

"Ob du glaubst, du kannst es,
oder ob du glaubst, du kannst es nicht:
Du hast recht."

(Henry Ford)

Danksagung:

Ich danke

Meinen wissenschaftlichen Betreuern PD Weidenmann, Prof. Schulze und Prof. Kerscher für die Möglichkeit in diesem Projekt zu arbeiten, die wissenschaftliche Unterstützung und die Begutachtung dieser Arbeit

Den ehemaligen Kollegen und Technikern am Institut für Angewandte Materialien - Werkstoffkunde für die gute Zusammenarbeit. Mein besonderer Dank gilt hier Frau Ohl sowie meinem Bürokollegen Matthias Merzkirch

Der DFG für die finanzielle Unterstützung des Transferprojekts T1 innerhalb des SFB/Transregio 10

Den Firmen Alcan, Alcoa, Aleris, Alu Menziken, EADS Innovation Works, Sandvik Materials Technology und VAC Vacuumschmelze für die Materiallieferungen und Unterstützung durch Prozesswissen im Bereich Strangpressen

Dr. Foecke vom National Institute of Standards and Technologie (NIST), USA der mir ermöglichte einen Forschungsaufenthalt in den USA durchzuführen sowie dem Karlsruhe House of Young Scientists (KHYS) für die finanzielle Unterstützung dieses Aufenthalts

Meinen Eltern für Ihre Unterstützung während meines Studiums, welches die Grundlage für diese Arbeit lieferte

Meiner Freundin Patricia für Ihr Verständnis, Ihren steten Zuspruch und Ihre Liebe

Inhaltsverzeichnis

1. Einleitung

Bei der Entwicklung von Flugzeugen und deren Komponenten, wie auch beim Bau von anderen Maschinen oder Anlagen, werden verschiedene Konstruktionsprinzipien angewendet, um einen fehlertoleranten Betrieb sicher zu stellen. Dabei müssen die Bauteile so ausgelegt sein, dass entweder der Ausfall einer Komponente verhindert werden kann (Safe Life), die Funktion der Komponente durch eine andere übernommen wird (Fail Safe) oder die rechtzeitige Erkennung einer einsetzenden Schädigung innerhalb der Wartungsintervalle sichergestellt ist (Damage Tolerance) [Niu99] [Wie07] [Niu11] [Klu12].

Safe Life, das ältesten Prinzip in der Flugzeugkonstruktion, geht davon aus, dass ein Bauteil oder eine Komponente für eine bestimmte Lebensdauer ausfallsicher und fehlerfrei konstruiert werden kann. Der Nachweis erfolgt hierbei experimentell oder analytisch und ist mit hohen Sicherheitsfaktoren versehen. Am Ende der festgelegten Lebensdauer wird das Bauteil ersetzt - unabhängig davon, ob ein Fehler aufgetreten ist [Eng06] [Klu12].

Im Gegensatz dazu zeichnet sich Fail Safe durch die Verwendung mehrerer redundanter Lastpfade aus, welche meist durch Strukturvervielfachung (multi structure) oder Kraftflussaufteilung (multi load path) erzeugt werden. Bei Ausfall eines oder mehrerer Lastpfade bzw. Bauteile wird die Last auf die verbleibenden Komponenten verteilt und somit die Integrität der Gesamtstruktur bis zur nächsten Wartung sichergestellt. Das Prinzip Damage Tolerance stellt eine Weiterentwicklung von Fail Safe dar und geht davon aus, dass jede mechanisch beanspruchte Struktur fehlerbehaftet sein kann und dass dies in bestimmten Grenzen zu tolerieren ist. Die Größe des tolerierbaren Fehlers oder Risses ist dabei z.B. von Werkstoff, Alter der Struktur und auftretenden Beanspruchungen abhängig. Ziel ist es, die Risswachstumsrate empirisch oder analytisch zu erfassen, daraus die kritische Risslänge bzw.

Restfestigkeit zu bestimmen und die Wartungsintervalldauer entsprechend festzulegen [Gor07] [Klu12].

Zur Versteifung der Flugzeugaußenhaut und zur Überbrückung von Rissen (Damage Tolerance) werden bei heutigen Flugzeugkonstruktionen spezielle Profile - die Stringer - eingesetzt. Das Schweißen von Stringern ist nur in Bereichen üblich, die während des Betriebes keinen Zugspannungen unterliegen, da die Schwingfestigkeit der Schweißnähte legierungsbedingt nur gering ist [Pal05] [Pal07]. Drahtverstärkte Verbundstringer sollen durch die innere Draht-Matrix-Grenzfläche die Rissausbreitung verzögern und damit den Einsatz des Schweißens auch in anderen Strukturbereichen ermöglichen, ohne die Betriebssicherheit einzuschränken. Darüber hinaus sollen Ermüdungsrisse, welche sich von der Außenhaut über die Schweißnaht in den Stringer hinein ausbreiten, vom Draht bzw. der Draht-Matrix-Grenzfläche gestoppt werden.

Im Rahmen dieser Arbeit wird deshalb untersucht, ob sich das Verbundstrangpressen für die Herstellung von verstärkten Flugzeugstringerprofilen eignet und sich dadurch eine Gewichtseinsparung erzielen lässt. Hierbei sind insbesondere bei Verwendung von in der Luftfahrt eingesetzten hochfesten Aluminiumlegierungen zum Verbundstrangpressen, deren Verhalten bei Wärmebehandlung und Recken und der damit verbundene Einfluss auf den Werkstoffverbund von Interesse. Untersucht werden daher Profile auf Basis der warmaushärtbaren Aluminiumstrangpresslegierungen EN AW-6056 und EN AW-2099, deren Anwendung in der Luftfahrtindustrie heute Stand der Technik ist. Als Verstärkungselemente werden ein hochfester Federstahldraht und ein Kobaltbasisdraht verwendet, da beide Drahtwerkstoffe hohe Festigkeiten aufweisen, welche durch die dem Strangpressprozess nachgeschaltete Wärmebehandlung der Matrixlegierungen weiter erhöht werden können.

Die Wärmebehandlung der Profile nach dem Strangpressen kann zur Änderung der Grenzflächeneigenschaften führen, wobei z.B. spröde Phasen entstehen können, welche die mechanische Belastbarkeit der Grenzfläche

senken. Darüber hinaus kann sich der für die Matrixlegierungen grundsätzlich notwendige Reckprozess zusätzlich auf die Grenzfläche oder die Verstärkungselemente auswirken und damit das mechanische Verhalten des Verbundes beeinflussen.
Zu diesem Zweck wurden im Rahmen dieser Arbeit die verbundstranggepressten Werkstoffkombinationen an verschiedenen Stellen der industriellen Prozesskette zur Herstellung von Luftfahrtprofilen herausgegriffen bzw. dieser Zustand im Labor nachempfunden, um den Einfluss der Fertigungsschritte auf den Verbund und das Verbundverhalten zu untersuchen. Die Werkstoffzustände wurden unter sowohl quasistatischer als auch zyklischer Beanspruchung geprüft und die Grenzflächen-scherfestigkeit zwischen Matrix und Verstärkungselement durch Push-Out-Tests bestimmt. Schließlich wurden metallografische Untersuchungen mittels Licht- und Rasterelektronenmikroskopie zur Gefüge- und Grenzflächencharakterisierung angewendet.

2. Stand der Technik und Forschung

2.1. Bauarten und -elemente metallischer Flugzeugrumpfstrukturen

Prinzipiell müssen drei verschiedene Bauarten einer Flugzeugrumpfstruktur unterschieden werden, wobei sich heutzutage die Schalenbauweise gegenüber der Gerüst- bzw. Spantenbauweise durchgesetzt hat. Die Schalenbauweise zeichnet sich dadurch aus, dass die Lasten, welche in den Flugzeugrumpf eingebracht werden, von der dreh- und biegesteifen Rumpfschale aufgenommen werden und kein inneres Gerüst, wie bei der Gerüstbauweise, notwendig ist. Die mechanischen Hauptbeanspruchungen des Rumpfes werden zum einen durch Anbauteile eingeleitet (Flügel, Leitwerk, Fahrwerk, Triebwerke) oder durch die zu transportierenden Lasten verursacht. Zum anderen steht die Kabine unter Innendruck, welcher in der Steigphase auf- und in der Sinkphase wieder abgebaut wird. Die Kabine muss konstruktiv für diese zyklische Beanspruchung (bei Verkehrsflugzeugen ca. 40.000 Zyklen) ausgelegt sein [Niu99] [Eng06] [Niu11] [Klu12], da andernfalls Zwischenfälle, wie beispielsweise des Flugs 234 der Aloha Airlines, auftreten. Bei diesem Flug wurde der obere Teil der Kabine abgetrennt, weil sich Ermüdungsrisse über mehrere Nieten hinweg ausgebreitet hatten [Nat89].

Die Hauptelemente der Schalenbauweise sind die lasttragende Außenhaut (1) sowie die versteifenden Spanten (2) und Stringer (3), welche in Bild 2-1 dargestellt sind.

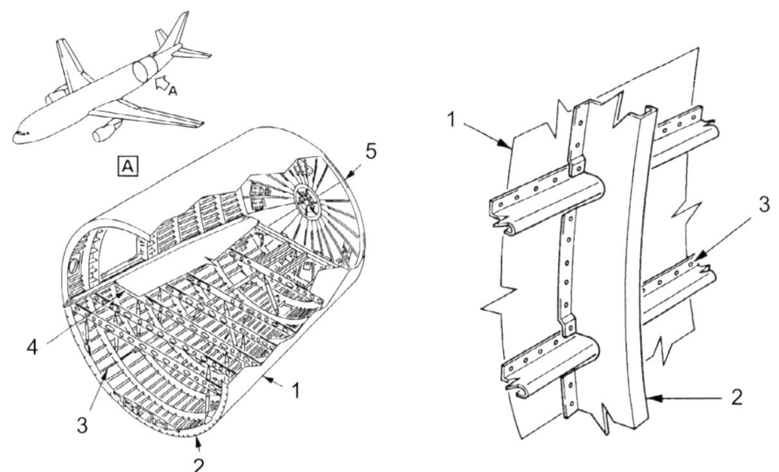

Bild 2-1: Hauptelemente der Rumpfstruktur bei metallischer Schalenbauweise von Flugzeugen am Airbus A300 [Eng06] (4: Fußboden, 5: Druckschott)

2.1.1. Außenhaut

Die Außenhaut - auch Beplankung oder Haut genannt - bezeichnet die äußerlich sichtbare Schale, die alle großen Teile des Flugzeuges, wie z.B. Rumpf oder Tragflächen, komplett umschließt. Bei Verkehrsflugzeugen metallischer Bauart besteht die Außenhaut aus Leichtmetallblech, welches je nach Position am Flugzeug unterschiedliche Blechdicken aufweist. Je nach Bauart des Flugzeuges (vgl. Schalenbauweise) nimmt die Außenhaut auch Biege- und Torsionskräfte mit auf, die durch die Flügel bzw. das Heckleitwerk verursacht werden, und bildet eine druckdichte Kabine [Niu99] [Eng06] [Niu11].

Die Außenhaut heutiger Verkehrsmaschinen bestehen hauptsächlich aus Aluminiumlegierungen oder Glare® (hybrider Verbundwerkstoff aus Aluminiumblechen und glasfaserverstärkten Kunststoffmatten). Zukünftig werden im Flugzeugbau zunehmend Faserverbundwerkstoffe Verwendung finden

[Bor06] [Klu12]. Dieser Trend nährt sich aus der Gewichtseinsparung von bis zu 30 %, führt jedoch im Vergleich zur metallischen Bauweise zu höheren Kosten der Rumpfstruktur [Niu10].

2.1.2. Spanten und Stringer

Als Spanten werden die lasttragenden Teile des Rumpfes bei der Spanten- oder Schalenbauweise bezeichnet. Sie tragen die Außenhaut und sind mit weiteren Versteifungselementen, z.B. den Stringern, verbunden (vgl. Bild 2-1). Beim Airbus A300 werden 103 ringförmige Spanten sowie einige Hilfsspanten mit einen Abstand von 53 cm eingesetzt. Als Werkstoffe finden hier Aluminiumlegierungen und vermehrt Faserverbundwerkstoffe Verwendung [Eng06] [Klu12].

Stringer werden als Querstreben in Längsrichtung bei der Schalenbauweise von Flugzeugen zur Versteifung des Rumpfes verwendet (vgl. Bild 2-1) und erhöhen dessen Festigkeit. Sie werden insbesondere bei größeren Rumpfdurchmessern eingesetzt [Niu99] [Klu12]. Beim Airbus 300 werden die Stringer aus Z-Profilen einer AlCuMg2-Legierung hergestellt und durch eine Metall-Metall-Klebung an den Spanten befestigt [Eng06]. Die Stringer des A380 werden bereits auf der gesamten Flugzeugunterseite, welche hauptsächlich druckbeansprucht ist, geschweißt [Pal05] [Bor06]. Auf der Flugzeugoberseite, den zugschwellbeanspruchten Bereichen, kann das Laserstrahlschweißen hingegen noch nicht durchgehend angewendet werden [Pal05] [Pal07].

2.2. Fertigung metallischer Flugzeugrumpfstrukturen

Im Folgenden werden die Fertigungsschritte zur Herstellung von metallischen Flugzeugrumpfstrukturen erläutert, welche im Rahmen dieser Arbeit von Bedeutung sind.

2.2.1. Strangpressen

Strangpressprofile werden immer stärker im Luftfahrzeugbau eingesetzt und dienen dort z.B. der Versteifung der Außenhaut durch Stringer oder als Sitzschienen. Durch die steigenden Anforderungen an die verwendeten Werkstoffe und deren Festigkeit sowie die wachsende Profilgröße, werden zunehmend hochfeste Legierungen eingesetzt, welche durchweg schwer strangpressbar sind. Zusätzlich müssen nicht nur die mechanischen Anforderungen erfüllt werden, sondern die Profile sollen so eigenspannungsfrei wie möglich sein, um den Verzug bei der weiteren Bearbeitung zu reduzieren [Ost07]. Angestrebt wird die integrale Bauweise [Eng06], also das Fügen von stranggepressten Stringern auf die Außenhaut mittels Laserstrahlschweißen [Bau01]. Im Anschluss an das Strangpressen werden die Profile, falls möglich, direkt abgeschreckt, um eine erneute Lösungsglühbehandlung aus Kostengründen zu vermeiden. Je nach Abschreckempfindlichkeit der Legierung wird zur Profilabkühlung ein Luftgebläse, ein Luft-Wasser-Gemisch oder der Durchlauf des austretenden Profils durch einen Wasserkasten (stehende Welle) verwendet. Je höher die Komplexität des Profils ausfällt und je höher der Legierungselementgehalt und die geforderte Festigkeit der Legierung sind, umso schneller muss die Abschreckung geschehen. Je nach Legierung (v.a. 7xxx) ist eine Abschreckung an der Presse dann nicht mehr möglich [Ost07].

2.2.2. Wärmebehandlung

Wird die Lösungsglühbehandlung nicht in den Strangpressprozess integriert, da ein Abschrecken mit ausreichender Geschwindigkeit auf Grund z.B. der Profilwandstärke oder Legierung (Abschreckempfindlichkeit) an der Presse nicht sichergestellt werden kann, muss sie zusätzlich in die Prozesskette integriert werden. Das Lösungsglühen, welches die Legierungsatome im Aluminium-Mischkristall auflöst [Kam02] [Esm03] [Ost07] [Mac11], geschieht entweder ein- oder mehrstufig. Durch eine mehrstufige Lösungsglühbehandlung kann die Löslichkeit der Legierungselemente bis nahe an die Löslichkeitsgrenze getrieben werden, ohne dass es zu Anschmelzungen kommt. Die Genauigkeit der Temperaturmessung muss hierbei ± 1 K betragen [Ost07]. Es lässt sich laut [Liu05] mit der zweistufigen Lösungsglühbehandlung für AlCuMg- und AlMgSi-Legierungen eine deutliche Steigerung der Festigkeit, der Duktilität und der Bruchzähigkeit erreichen.

Nach dem Recken werden die Profile warm- oder kaltausgelagert, um die geforderte Festigkeit zu erreichen. Auch bei der Warmauslagerung werden, je nach Legierung, mehrstufige Verfahren verwendet [Rom05].

2.2.3. Recken

Nach dem Abschrecken treten in den Profilen Eigenspannungen auf, da die Abkühlung am Rand schneller erfolgt als im Kern des Profils. Um beim Zerspanen der Profile den Verzug zu minimieren, werden diese durch Recken oder Stauchen plastisch verformt. Die Reckgrade liegen üblicherweise zwischen 1-3 % und müssen so gewählt werden, dass keine Einbußen der Duktilität auftreten [Ost07].

Zudem wird durch das Recken und die damit eingebrachte plastische Verformung die Versetzungsdichte erhöht. Die gebildeten Versetzungen wirken im Anschluss bei der Ausscheidungshärtung als Keime für die Ausscheidungsbildung [Got07].

2.2.4. Fügen

Die hochfesten Luftfahrtaluminiumlegierungen sind mit herkömmlichen Lichtbogen- und Laserstrahlschweißverfahren nicht mehr schweißbar, weshalb im Flugzeugbau diese Verfahren lange Zeit keine Rolle gespielt haben. Alternativ kam das Nieten in Kombination mit Kleben oder der Verwendung von Dichtmitteln zum Einsatz. Das Laserstrahlschweißen wurde erst mit der Einführung schweißbarer höherfester Legierungen auf AlMgSiCu-Basis (EN AW-6013 und EN AW-6056) wieder angewendet [Ost07].

Die Fügeverfahren Nieten und beidseitiges Laserstrahlschweißen sind in Bild 2-2 gegenübergestellt. Beim Laserschweißprozess mit Zusatzdraht können im Vergleich zum Nietprozess Material- (Nietflansch, Nieten, Kleber oder Dichtmittel) und Gewichtseinsparungen von ca. 10 % erreicht werden. Wie in Bild 2-2 zu erkennen, ist die Anzahl der Einzelteile bei Verwendung des Laserstrahlschweißens kleiner und der Fügeprozess deutlich schneller, was zu Kosteneinsparungen von 10-17 % führt [Bor06] [Koc06].

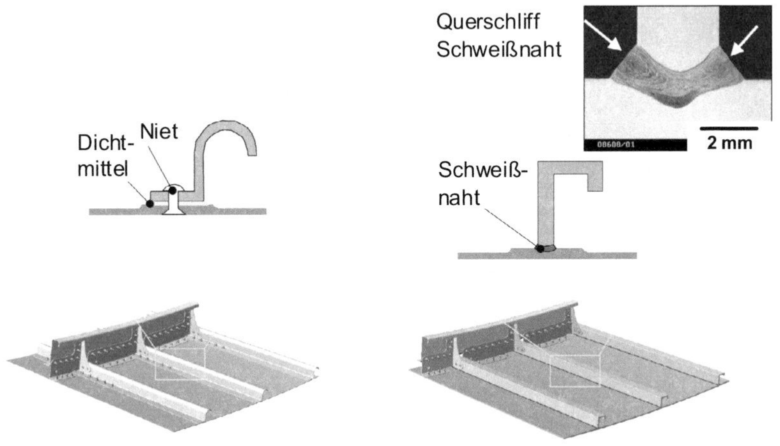

Bild 2-2: Fügen von Stringer und Hautfeld mittels Nieten (links) oder beidseitigem Laserstrahlschweißen mit Zusatzdraht (rechts) [Koc06]

Durch den Entfall von Nietlöchern und Überlappungen kann darüber hinaus die Korrosionsanfälligkeit reduziert und die Aerodynamik verbessert werden. Ebenso können die Wartungskosten durch die integrale Bauweise gesenkt werden [Bor06] [Koc06].

Dem gegenüber steht die Ermüdungsrissanfälligkeit einer integral geschweißten Struktur, da ein Riss im Hautfeld nicht mehr durch ein weiteres Bauteil (den Stringer) überbrückt wird (Fail Safe), sondern die Rissausbreitung direkt über die Schweißnaht in den Stringer erfolgen kann. Folglich ist das Nieten in den zugschwellbeanspruchten Bereichen des Rumpfes (Oberseite) noch nicht zu ersetzen [Pal05] [Pal07].

Zusätzlich zu den hier genannten Verfahren bietet das Rührreibschweißen (FSW) für die Verbindung von Blech- und Profilelementen im Flugzeugbau ein enormes Potenzial. Da bei diesem Verfahren die zu verbindenden Komponenten nicht aufgeschmolzen werden, also die Solidustemperatur nicht überschritten wird, lassen sich auch Legierungen der 2xxx und 7xxx Gruppen stoffschlüssig verbinden, welche nicht schmelzschweißbar sind [Ost07]. Der direkten Anwendung im Flugzeugbau steht nach [Sil11] jedoch noch ein großer Forschungsbedarf entgegen.

2.3. Das Verbundstrangpressen

2.3.1. Beschreibung des Verfahrens

Beim Verbundstrangpressen mit Spezialwerkzeugen werden konventionelle Pressblöcke verwendet, die in einem Ofen auf die Blockeinsatztemperatur vorgewärmt werden, bevor sie in die ebenfalls vorgewärmten Rezipienten (Werkzeugtemperatur) geladen werden. Wie in Bild 2-3 zu erkennen, wird der von links kommende Materialfluss des Matrixmaterials in der ersten Stufe des mehrteiligen Werkzeuges (Abdeckelement) in zwei oder mehr Teilstränge aufgeteilt.

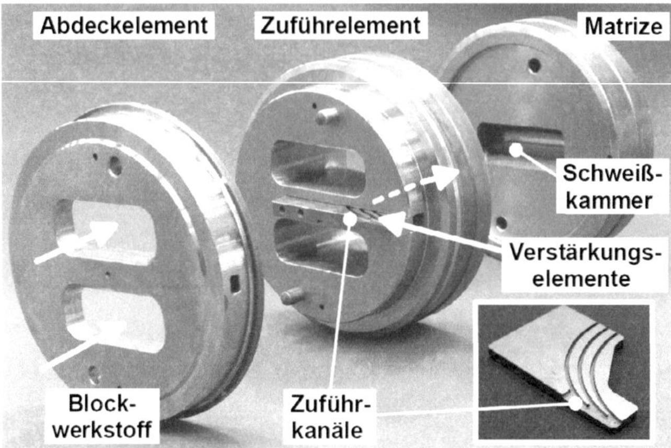

Bild 2-3: Mehrteiliges Verbundstrangpresswerkzeug (Flachprofil) [Sch07b]

Dadurch wird es möglich, im nächsten Teil des Werkzeuges, dem Zuführelement, die Verstärkungselemente von der Seite zuzuführen. Die Verstärkungselemente werden dabei um 90° in den Zuführkanälen umgelenkt. In der nachgeschalteten Schweißkammer treten die Verstärkungselemente durch Führungskanäle aus und werden von dem Matrixmaterial umschlossen. Der hohe hydrostatische Druck in der Schweißkammer führt zum einen zur Einbettung der Verstärkungselemente, zum anderen zum Verschweißen der Matrixteilstränge, wobei eine Längspressnaht entsteht [Bau01] [Mül03] [Ost07]. Im Anschluss tritt das Verbundprofil aus der formgebenden Matrize aus und die Verstärkungselemente sind in der Matrix definiert positioniert innerhalb der Längspressnaht eingebettet [Kle04]. Inhomogene Prozessbedingungen führen jedoch zu Lageabweichungen der Drähte im Profil [Sch07a] [Sch07b] [Kle06].

Das Werkzeug selbst ist modular aufgebaut, um die Zuführung der Verstärkungselemente zu gewährleisten. Die Umformung des Matrixmaterials erfolgt mehrstufig, da andernfalls in der Schweißkammer durch das zu hohe Pressverhältnis hohe Spannungen auf das Verstärkungselement wirken und es zum Abreißen der Verstärkungselemente kommen kann [Kle04] [Sch06] [Sch07a].

Eine Verringerung des Pressverhältnisses führt zwar zur Reduktion der Prozesskräfte, jedoch auch zu einer schlechten Einbettung der Drähte auf Grund des sinkenden Pressdrucks [Sch07c] [Pie09]. Kommt es dabei zu einer unzureichenden Einbettung der Verstärkungselemente, kann durch Anstellen der Führungsflächen der Matrize um wenige Grad der Druck in der Schweißkammer erhöht werden, was die Einbettung verbessert [Klo08].

Zur weiteren Verwendung der Profile ist darauf zu achten, dass die Querpressnaht behafteten Bereiche des Profils entfernt werden. Als Querpressnaht wird eine Durchmischungszone aus vorherigem und folgendem Blockwerkstoff beim Block-auf-Block-Pressen bezeichnet, die sich bis zu einer bestimmten Länge zungenförmig durch das Profil zieht. Das Profil besitzt dort geringere Festigkeiten als der Rest des Halbzeugs [Bau01]. Aus diesem Grund wird der Anteil mit Querpressnähten bei Profilen in Strukturbauanwendungen entfernt.

2.3.2. Vor- und Nachteile des Verfahrens

Als Vorteile des Verbundstrangpressens mit modifizierten Spezialwerkzeugen sind, im Gegensatz zur Verwendung von verstärkten Pressblöcken, deutlich geringere Presskräfte und geringere Profilwandstärken anzuführen. Zudem ergeben sich im Gegensatz zur Verwendung von verstärkten, ummantelten oder mehrkernigen Blöcken geringere Materialkosten, höhere Pressgeschwindigkeiten und längere Werkzeuglebensdauern [Kla04] [Kle04]. Die Profilgestaltung ist ähnlich der beim herkömmlichen Strangpressen. Es kommt jedoch durch die Einbringung der Verstärkungselemente in die Schweißkammer zu einer Veränderung der Fließgeschwindigkeit, was einen Einfluss auf die Profilwandstärke haben kann [Sch07b] [Pie09].

Da die Verstärkungselemente nur innerhalb der Längspressnähte liegen können, muss zur Erhöhung des Verstärkungsanteils im Allgemeinen auch die Zahl der Längspressnähte erhöht werden, was zu einer Erhöhung der Komplexität des Werkszeuges und damit auf Grund von innerer Reibung zur Erhöhung der Presskräfte führt [Sch07a].

2.3.3. Verfahrensgrenzen

Selbst mit einem optimierten Werkzeug sind Verstärkungsanteile von maximal 15-20 % zu realisieren [Wei11]. Abhilfe könnte diesbezüglich die Verwendung von Bändern als Verstärkungselemente schaffen, da hierbei die Querschnittsfläche der Verstärkungselemente erhöht wird, ohne allerdings die Anzahl der Verstärkungselemente und damit der notwenigen Zuführkanäle zu erhöhen [Fur81]. Die Erhöhung der spezifischen Steifigkeit ist mit Stahldrähten prinzipiell nicht zu erreichen, da diese dieselbe spezifische Steifigkeit wie Aluminium aufweisen. Eine Alternative könnten Verstärkungselemente bieten, welche selbst sehr hohe spezifische Steifigkeiten aufweisen, wie beispielsweise Verbunddrähte aus Al_2O_3-Fasern, die mit Aluminium infiltriert sind. Bei der Zuführung solcher Verbunddrähte als Verstärkungselemente kam es teilweise zum Abbrechen der Drähte da der kritische Biegeradius bei der Zuführung unterschritten wurde. Ein weiteres Problem bei der Verpressung von Verbunddrähten ist die Anhaftung des Aluminiums an den Zuführungskanal, was ein Abreißen der Verstärkungselemente zur Folge hat [Pie09]. Mit Hilfe modifizierter Rezipienten sollte es zukünftig möglich sein, zum einen die Anzahl der zugeführten Drähte zu erhöhen und zum anderen größere Umlenkradien zu realisieren [Pie11].

2.3.4. Werkstoffsysteme für das Verbundstrangpressen

Mittels systematischer Werkstoffauswahl konnten von [Wei05c] [Wei06d] und [Wei07c] verschiedene Werkstoffsysteme als für das Verbundstrangpressen geeignet identifiziert werden. Die Matrixlegierungen sollen im Allgemeinen gut strangpressbar und idealer Weise durch Wärmebehandlungen in ihrer

Festigkeit einstellbar sein. Diese Voraussetzungen erfüllen vor allem die Aluminiumlegierungen der 6xxx Gruppe wie EN AW-6060, EN AW-6063, EN AW-6005A oder auch EN AW-6082. Hierzu wurden von [Wei06d] [Ham09b] [Mer09] oder [Mer11b] experimentelle Untersuchungen angestellt. Zum anderen konnten von [Wei06d] MgAlZn-Legierungen als zum Verbundstrangpressen geeignet bestimmt werden, wie die Legierungen AZ31, AZ61 oder AZ80, welche nicht weiter wärmebehandelt werden. Verbunde mit AZ31-Matrix wurden von [Mer09] [Mer11a] und [Mer11b] untersucht. Als Verstärkungselementwerkstoffe wurden Nickel- oder Kobaltbasislegierungen bestimmt, welche hohe Festigkeiten bei Raumtemperatur, wie auch bei Strangpresstemperatur, besitzen. Austenitische Federstähle weisen ein ähnliches Eigenschaftsprofil auf, solange die Temperatur beim Verbundstrangpressen nur kurzzeitig wirkt und keine Erholungsprozesse stattfinden [Löh04] [Wei06d] [Wei07c].

Der Fokus der Arbeiten von [Wei06a] [Wei06d] [Wei07b] und [Wei07c] lag demzufolge auf Verbunden mit EN AW-6060-Matrix und verschiedenen Verstärkungselementwerkstoffen, -vorbehandlungen und -arten (Seile oder Drähte). Es kamen hier zum einen Seile aus 1.4310 und Inconel 601 sowie Drähte aus 1.4310, Haynes 25 und Inconel 718 als Verstärkungselemente zum Einsatz. Im Rahmen dieser Untersuchungen wurde zudem der Einfluss von Beizen, Schleifen, Strahlen oder Beschichten der Drahtwerkstoffe auf die Verbundeigenschaften untersucht [Wei06d] [Wei07c].

Im Weiteren wurden von [Ham09b] [Mer09] [Mer11a] und [Mer11b] Verbunde mit EN AW-6082- bzw. AZ31-Matrix untersucht, wobei als Verstärkungselement stets der Federstahldraht 1.4310 zum Einsatz kam. Der Einfluss der Wärmebehandlung auf die mechanischen Eigenschaften wurde von [Mer11b] untersucht.

Das Verhalten der angesprochenen Verbunde unter quasistatischer Beanspruchung und Ermüdungsbeanspruchung wird näher in Kapitel 2.5 vorgestellt.

2.4. Verbundwerkstoffe unter mechanischer Beanspruchung

2.4.1. Mechanische Modellierung

Eine schematische Zugverfestigungskurve eines Verbundes sowie der einzelnen Komponenten nach [Wei06a] (vgl. [Cou90]) ist in Bild 2-4 dargestellt und baut auf dem so genannten Kelly-Modell [Kel65] auf. Hierbei sind vier Bereiche zu unterscheiden:

- Im Bereich I werden sowohl das Verstärkungselement als auch das Matrixmaterial rein elastisch verformt.
- Der Bereich II zeichnet sich dadurch aus, dass das Verstärkungselement weiterhin elastisch, die Matrix jedoch bereits elastisch-plastisch verformt wird.
- Im weiteren Verlauf der Beanspruchung (Bereich III) unterliegen beide Komponenten einer elastisch-plastischen Verformung.
- Im Übergang zu Bereich IV versagt das Verstärkungselement und der verbleibende Matrixwerkstoff wird bis zum Bruch verformt [Cou90] [Kel65].

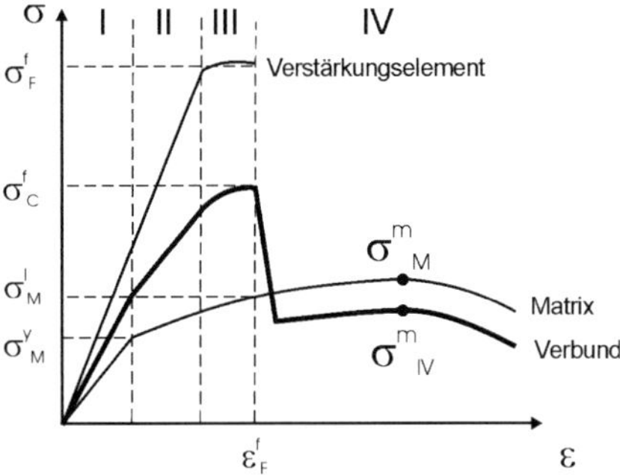

Bild 2-4: Verbundmodell nach [Cou90] modifiziert durch [Wei06a]

Unter der Annahme, dass in Matrix und Verstärkungselement die gleichen Dehnungen herrschen, ist es nach dem Kelly-Modell möglich, gemäß Gleichung 2-1 die Verbundzugfestigkeit σ^f_C zu berechnen. Voraussetzung für diese Vorhersage ist, dass die mechanischen Eigenschaften der beiden Komponenten bekannt sind [Kel65].

$$\sigma_C^f = f_M \cdot \sigma_M^I\left(\varepsilon_F^f\right) + f_F \cdot \sigma_F^f \qquad 2\text{-}1$$

Die Größen f_M und f_F bezeichnen hierbei die jeweiligen Volumenanteile für Matrix und Faser, σ^f_F bezeichnet die Bruchspannung des einzelnen Verstärkungselements bei der Bruchtotaldehnung ε^f_F und $\sigma^I_M(\varepsilon^f_F)$ die Spannung der unverstärkten Matrix bei Bruchtotaldehnung des einzelnen Verstärkungselements.

Der Elastizitätsmodul des Verbundes setzt sich aus den Elastizitätsmoduln der beteiligen Komponenten, gewichtet nach den jeweiligen Volumenanteilen, zusammen [Kel65] [Cou90] [Spe72]:

$$E_V = E_M \cdot f_M + E_F \cdot f_F = E_M \cdot (1 - f_F) + E_F \cdot f_F \qquad 2\text{-}2$$

2.4.2. Rolle der Grenzfläche

Da über die Grenzfläche zwischen Verstärkungselement und Matrix die Krafteinleitung in die Verstärkungselemente bei langfaserverstärkten Verbundwerkstoffen erfolgt [Jin01], sind die Eigenschaften der Grenzfläche für die mechanischen Eigenschaften des Verbundwerkstoffes von entscheidender Bedeutung [Cha02].

Um die Grenzflächenscherfestigkeit zu bestimmen, wird der Push-Out-Test nach [Mar84] herangezogen, wie im Folgenden erläutert. Beim Push-Out-Test wird die Maximalkraft F_{max} bestimmt, welche benötigt wird, um das Verstärkungselement aus der Matrix in axialer Richtung herauszudrücken. Diese Maximalkraft bezogen auf die Mantelfläche des eingebetteten Verstärkungselements, beschreibt nach [Cha95] bzw. [Mar84] die Grenzflächenscherfestigkeit σ_{deb}, wie in Gleichung 2-3 dargestellt.

$$\sigma_{deb} = \frac{F_{max}}{\pi d h} \qquad \text{2-3}$$

Frühere Untersuchungen an Grenzflächen von verbundstranggepressten Aluminium-Stahl-Verbundstromschienen wurden bereits von [The76] [Wag79] und [Fur81] durchgeführt. Es konnte zum einen eine metallische Bindung zwischen Aluminium und Stahl festgestellt werden, zum anderen wurde gezeigt, dass es bei Überbeanspruchung meist zu einem Versagen außerhalb der Grenzfläche im Aluminium kommt. Der gleiche Effekt an verbundstranggepressten drahtverstärkten Proben konnte auch in [Wei06d] dokumentiert werden, wobei hier auch Ausscheidungen an der Grenzfläche im Aluminium nachgewiesen werden konnten, welche durch Diffusion von Legierungselementen des Drahtes in die Aluminiummatrix entstanden waren.

2.4.3. Versagensverhalten von Verbundwerkstoffen

2.4.3.1 Verbunde unter quasistatischer Beanspruchung

Gemäß [Lil94] kommt es bei einem Verbundwerkstoff mit hinreichend kleinem Verstärkungsanteil und spröden Fasern unter Zugbeanspruchung durch Faserbrüche zunächst zur Entlastung der Fasern, ohne dass der ganze Verbund versagt. Die mechanischen Eigenschaften des Verbundes degenerieren mit zunehmender Beanspruchung, da die Faserlänge durch Faserbrüche verkürzt wird.

Wie in Gleichung 2-4 zu erkennen, korreliert die kritische Faserlänge l_{krit} mit dem Quotienten aus Zugfestigkeit der Faser σ^f_F und Scherfestigkeit der Grenzfläche σ_{deb} multipliziert mit der Hälfte des Faserdurchmessers d.

$$l_{krit} = \frac{\sigma_F^f}{\sigma_{deb}} \cdot \frac{d}{2} \qquad \text{2-4}$$

Bereits von [Sho75] wurde an einem Aluminium-Stahl-Verbund und von [Sch68] [Sch70] und [Ven70] an Messing-Wolfram-Verbunden mehrfache Einschnürungen des Verstärkungselements beobachtet. [Sch70] und [Ven70] stellten zudem fest, dass die Verstärkungselemente dieses Verhalten nur im Verbund zeigen.

Als mögliche Erklärung der Entstehung der mehrfachen Einschnürung nutzt [Sch68] die ursprünglich von [Phi65] entwickelte Theorie, welche besagt, dass durch eine sehr gute Grenzflächenhaftung das Verstärkungselement am Einschnüren gehindert wird. Bei der Einschnürung des Verstärkungselements kommt es so zu einer Verformung der Matrix in radialer Richtung, welcher eine Verfestigung der Matrix entgegen wirkt. Eine schwache Grenzfläche würde demzufolge die Einschnürung des Verstärkungselements nicht behindern, es käme zur Ablösung der Grenzfläche und zur Einschnürung des Verstärkungselements bis zum Bruch. In weiteren Untersuchungen konnte diese Theorie jedoch von [Ven70] widerlegt werden, da durch eine gezielte Schwächung der Grenzfläche die mehrfache Einschnürung nicht reduziert oder ausgeschlossen werden konnte. Darüber hinaus kam es auch nicht zu einer Reduzierung der Duktilität des Verbundwerkstoffs.

[Ven70] stellte zu Erklärung der mehrfachen Einschnürung selbst zwei Theorien auf. Die erste Theorie geht davon aus, dass das Verstärkungselement radial unter Druckspannungen durch den Herstellungsprozess steht, was eine gleichmäßige Verjüngung des Verstärkungselements ohne Einschnürung, analog zur Querkontraktion, begünstigt und so eine Einschnürung an sich behindert. Tritt jedoch eine Einschnürung auf, ist dieser Spannungszustand nicht geeignet, der weiteren Einschnürung des Verstärkungselements entgegenzuwirken, was diese Theorie als unwahrscheinlich erscheinen lässt. Die zweite Theorie von [Ven70] benötigt keine starke Grenzflächenhaftung, sondern berücksichtigt die Lastübertragung zwischen Faser und Matrix. Sobald es zu einer Einschnürung, also zu einer Dehnungslokalisierung des Verstärkungselements kommt, wird auch die umgebende Matrix lokal plastisch verformt und kaltverfestigt. Dadurch wird das Verstärkungselement entlastet und die weitere Einschnürung des Drahtes behindert. Der Verbund aus eingeschnürtem Verstärkungselement und kaltverfestigter Matrix weist somit lokal eine höhere Festigkeit als die umgebenden Bereiche ohne Einschnürung auf, was zu einer erneuten Einschnürung des Verstärkungselements an einer anderen Stelle führt. Dieser Prozess setzt sich so lange fort, bis der Verbundwerkstoff überbeansprucht ist und versagt.

Der Prozess der mehrfachen Einschnürung resultiert in einer deutlichen Zunahme der Duktilität des Verbundes bis zum Bruch des Verstärkungselements. Ein weiterer Grund für die Erhöhung der Duktilität ist die Reduktion des Verstärkungsanteils durch die Einschnürung [Mei10]. Auf Grund der stärkeren Verfestigung der Matrix bei den hohen Verbunddehnungen kommt es zu einer Erhöhung der Zugfestigkeit des Verbundes um 20 %. Durch Oberflächenreaktionen am Verstärkungselement kann jedoch die Versagensdehnung des Verstärkungselements innerhalb des Verbundes bzw. des Verbundes selbst stark reduziert werden. Darüber hinaus weisen Matrix und Verstärkungselement wegen der mehrfachen Einschnürung die gleichen Dehnungen auf, weshalb eine Beschreibung durch das Modell von Kelly [Kel65] zulässig ist [Sch70].

2.4.3.2 Verbunde unter Ermüdungsbeanspruchung

Die Ermüdung von Verbundwerkstoff wird bereits seit den späten 1970er Jahren untersucht, wobei der Fokus auf Verbunden mit Polymermatrix (PMCs) lag. Im Rahmen dieser Arbeiten wurde von [Tal81] ein Lebensdauerdiagramm vorgestellt, welches das Versagen von PMCs in drei Bereiche unterteilt. In weiteren Untersuchungen zeigte sich, dass das Diagramm auf Metallmatrixverbunde (MMCs) angepasst werden konnte (siehe Bild 2-5) Demnach zeichnet sich das Versagen von MMCs durch drei verschiedene Bereiche aus. Im Bereich 1 wird das Versagen durch Faserbrüche dominiert. Die maximale Totaldehnung des ersten Lastzyklus befindet sich innerhalb des Streubereichs der Versagensdehnung der Verstärkungselemente und somit kann es bereits ab dem ersten Zyklus statistisch verteilt zum Bruch einer oder mehrerer Fasern kommen. Die Ausfälle von Fasern erzeugen eine Mehrbeanspruchung der noch intakten Fasern und der umgebenden Matrix, bis das Versagen des Verbundes eintritt. [Tal08] [Maj95].

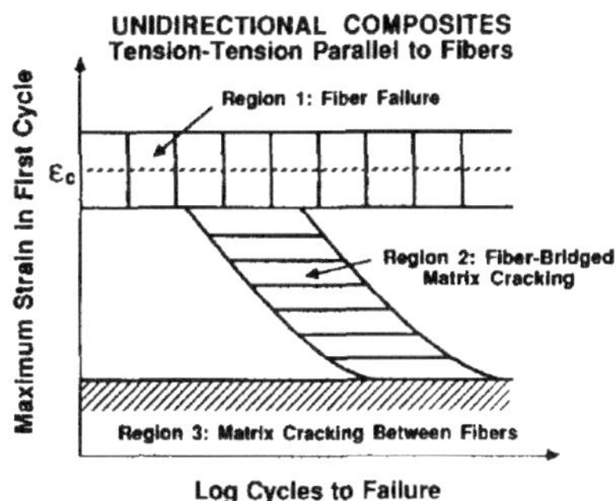

Bild 2-5: Schematisches Lebensdauerdiagramm eines unidirektional verstärkten Metallmatrixverbundes unter axialer zugschwellender Ermüdungsbeanspruchung [Tal95]

Innerhalb des Bereichs 2 werden auf Grund der geringeren Maximaldehnung zu Beginn der Beanspruchung keine Fasern geschädigt. Ermüdungsrisse bilden sich in der Matrix und breiten sich dort aus. Erreicht ein Ermüdungsriss eine Faser, kommt es zum „bridging“ und somit zu Rissschließeffekten [Sch97], die zur Entlastung der Rissspitze führen. Bereich 3 bezeichnet den Bereich, in welchem es innerhalb einer bestimmten Lastspielzahl (typischerweise 10^6 - 10^7) nicht zu einem Versagen der Probe kommt. Die in der Matrix auftretenden Ermüdungsrisse werden von den Fasern gestoppt und können sich nicht soweit ausbreiten, bis die Probe versagt. Durch Erhöhung von Steifigkeit und Volumenanteil der Verstärkungsfasern kommt es zu einer Verstärkung dieses Effekts und somit zu einer Erhöhung der Verbundermüdungsfestigkeit [Tal95] [Maj95].

Die Dehnungswöhlerkurven von Verbunden zeigen im Gegensatz zu Spannungswöhlerkurven keinen Einfluss der Verstärkungselemente oder des Verstärkungselementgehaltes im Bereich 2 [Tal95] [Maj95].

2.5. Strangpressverbunde unter mechanischer Beanspruchung

2.5.1. Bisher untersuchte Verbundkombinationen

Im Rahmen des Sonderforschungsbereichs SFB/Transregio 10 wurden bisher intensiv verbundstranggepresste Werkstoffkombinationen auf ihre mechanischen Eigenschaften hin untersucht. Die hier zitierten Untersuchungen wurden mit einem Verstärkungsanteil von 11,1 Vol.-% und einem Messstreckendurchmesser von 3 mm durchgeführt. Auf die Variation des Verstärkungsanteils durch die Variation des Probendurchmessers wird im folgenden Kapitel eingegangen. Von [Wei06a] [Wei06c] [Wei06d] [Wei07b] und [Wei07c] wurden insbesondere Verbunde mit EN AW-6060-Matrix und verschiedene Verstärkungselementwerkstoffen, -vorbehandlungen und -arten (Seile oder Drähte) untersucht. Es konnte gezeigt werden, dass sich die Verbunde im Allgemeinen gemäß den Modellen von [Kel65] und [Cou90] verhalten. Der Bereich III (Bild 2-4) zeichnet sich hingegen durch einen sehr flachen Kraftanstieg aus und es kommt zur Ausbildung eines Spannungsplateaus. Darüber hinaus ist die Totaldehnung bei Bruch des Verstärkungselements innerhalb des Verbundes deutlich höher als die Bruchtotaldehnung des Verstärkungselements im Drahtzugversuch. Eine Abschätzung der Verbundfestigkeit gemäß Gleichung 2-1 führt stets zu einer Unterschätzung des Verbundverhaltens, kann jedoch als konservative a-priori Abschätzung verwendet werden. Die Vorbehandlungen der Drähte zeigen nach [Wei06d] keinen signifikanten Einfluss auf die globalen mechanischen Eigenschaften unter quasistatischer Beanspruchung, beeinflussen jedoch die Grenzflächenscherfestigkeiten maßgeblich [Wei06b]. Fraktografische Untersuchungen an den verschiedenen Verbunden zeigten, dass es durch das

Verbundstrangpressen zu einer stoffschlüssigen Verbindung zwischen Matrix und Verstärkungselement kommt, was durch Anhaftungen des Matrixmaterials am Verstärkungselement nachgewiesen werden konnte [Wei06c] [Wei06d] [Wei07c].

Im Weiteren wurden Verbunde mit EN AW-6082- bzw. AZ31-Matrix untersucht, wobei als Verstärkungselement stets der Federstahldraht 1.4310 zum Einsatz kam [Ham09b] [Mer09] [Mer11a] [Mer11b]. Der Einfluss der Wärmebehandlung auf die mechanischen Eigenschaften wurde von [Mer11b] untersucht und es zeigt sich bei Erhöhung der Festigkeit von unverstärkter Matrix und Verbund eine Abnahme der Duktilität. In weiteren Untersuchungen von [Mei10] und [Mer12] konnte festgestellt werden, dass sich bei einem Verstärkungsanteil von 11,1 Vol.-% die Verbunde prinzipiell gemäß dem Modell von [Kel65] bzw. [Cou90] verhalten. Auf Grund der Verwendung eines duktilen Verstärkungselementwerkstoffes kommt es zu einem ausgeprägten Bereich III (vgl. Bild 2-4), welcher auf die mehrfache Einschnürung des Verstärkungselements innerhalb der Messtrecke zurückzuführen ist.

Verbunde mit Aluminiummatrix und Verbunddrahtverstärkung (Verbunddraht aus Aluminium und Al_2O_3-Fasern) wurden von [Mer08] und [Mer09] untersucht. Es zeigten sich zum einen große prozesstechnische Herausforderungen bezüglich des Verbundstrangpressens und zum anderen konnte mit dem Verbunddraht der kritische Faservolumengehalt im Gesamtverbund nicht erreicht werden, was zu geringeren Zugfestigkeiten beim Verbund, verglichen mit dem unverstärkten Matrixmaterial, führte.

2.5.2. Rolle des Verstärkungsanteils

[Mer12] und [Mei10] führten gezielte Variationen des Verstärkungsanteils an Proben aus verbundstranggepresstem EN AW-6082 verstärkt mit 1.4310 Federstahldraht durch. Wie bereits vom theoretischen Modell her zu erwarten, stieg mit dem Verstärkungsanteil die Festigkeit der Verbunde, wobei die Totaldehnung bei Versagen des Verstärkungselements mit steigendem Verstärkungsanteil herabgesetzt wurde. Ab einem Verstärkungsanteil von ca. 10 % konnte mit steigendem Verstärkungsanteil eine Zunahme der 0,2 %-Dehngrenze festgestellt werden, was zeigt, dass der kritische Verstärkungsanteil überschritten werden muss, um von den Verstärkungselementen zu profitieren.

2.5.3. Rolle der Grenzfläche

Die Eigenschaften der Grenzfläche zwischen Matrix und Verstärkungselement ist für die Lastübertragung auf das Verstärkungselement von großer Bedeutung. [Wei06d] postulierte bereits eine Korrelation zwischen Debondingscherfestigkeit und Länge des Plateaus in Bereich III der Zugverfestigungskurve (vgl. Bild 2-4). Er konnte feststellen, dass tendenziell mit steigender Grenzflächenscherfestigkeit die Länge des Plateaus reduziert wurde, und führte dies bei geringen Scherfestigkeiten auf eine mehrfache Ablösung des Verstärkungselements innerhalb der Messstrecke zurück, was eine höhere Dehnungsaufnahme ermöglicht. Hohe Grenzflächenscherfestigkeiten lassen demnach eine Ablösung nicht zu und behindern somit die Dehnung des Verstärkungselements. [Mei10] konnte diesen Effekt mittels FEM-Simulation ebenfalls nachweisen. [Mer09] stellte darüber hinaus einen Zusammenhang zwischen Profilgeometrie und den mechanischen Eigenschaften der Grenzfläche fest, der auf das unterschiedliche Pressverhältnis der Profile zurückzuführen war. So nimmt mit der Länge der Schweißkammer die Grenzflächenscherfestigkeit zu [Sch07a]. Eine Reduktion des Pressverhältnisses führt zu einem Sinken des Pressdrucks in der Schweißkammer und damit zu einer schlechteren Einbettung der Verstärkungselemente [Pie09].

2.5.4. Strangpressverbunde unter Ermüdungsbeanspruchung

Ermüdungsversuche an verbundstranggepressten Verbunden wurden von [Wei06d] und [Wei07a] für EN AW-6060 verstärkt mit Seilen oder Drähten aus 1.4310 bzw. verstärkt mit Kobaltbasisdraht durchgeführt. [Mer11b] führte Untersuchungen an EN AW-6082 verstärkt mit 1.4310 durch, wobei in allen Fällen Drähte als Verstärkungselemente die Lebensdauer der Verbundproben deutlich gegenüber der unverstärkten Matrix erhöhten. [Wei07a] konnte zeigen, dass die Seilverbunde eine Ermüdungsfestigkeit unterhalb des Matrixmaterials aufweisen, da es durch die Kerbwirkung der Seile zu einer frühzeitigen Rissinitiierung in der Matrix kommt. Das Versagensverhalten der drahtverstärkten Verbunde zeichnet sich nach [Wei06d] dadurch aus, dass erst die Matrix ermüdet wird und anschließend das Verstärkungselement. Bei dessen Versagen tritt dann das Versagen der Probe ein.

Die Untersuchungen von [Mer11b] zeigen darüber hinaus den Einfluss der Wärmebehandlung auf das Ermüdungsverhalten von EN AW-6082+1.4310-Verbunden. Im Bereich der Kurzzeitfestigkeit weisen die Proben im Wärmebehandlungszustand T6 höhere Lebensdauern auf als Proben im Zustand T4. Im Bereich großer Lebensdauern bzw. kleinerer Spannungsamplituden zeigen die warmausgelagerten Proben schlechtere Ermüdungseigenschaften als die kaltausgelagerten Proben. Ferner konnte bewiesen werden, dass bei EN AW-6082+1.4310-Verbunden [Mer09], wie auch bei EN AW-6060+1.4310-Verbunden [Wei06d], die Rissinitiierung an der Probenoberfläche erfolgt und sich der Riss im weiteren Verlauf der zyklischen Beanspruchung bis zum Verstärkungselement ausbreitet, worauf ein Ablösen der Grenzfläche zwischen Matrix und Verstärkungselement beobachtet wird.

[Mer11b] führte darüber hinaus auch Ermüdungsversuche an AZ 31 Proben zum Teil verstärkt mit 1.4310-Draht durch. Hier konnte ebenfalls dargestellt werden, dass die Verstärkung der Proben einen positiven Einfluss auf das Lebensdauerverhalten der verstärkten Proben hatte.

2.5.5. Eigenspannungen in Verbundstrangpressprofilen

Herrschen in einem Verbundwerkstoff Eigenspannungen zwischen den Komponenten vor, bewirken diese eine zusätzliche Be- bzw. Entlastung der unterschiedlichen Komponenten. Zur Vorhersage des Verbundverhaltens unter Zugbeanspruchung kann analog zum Modell von Kelly [Kel65] vorgegangen werden. Hierbei müssen zusätzlich die Zugverfestigungskurven der Komponenten so verschoben werden, dass die Schnittpunkte mit der Spannungsachse den vorliegenden Eigenspannungen entsprechen. Verdeutlicht ist dies in Bild 2-6 für Zugspannungen im Matrixmaterial und Druckspannungen im Verstärkungselement [Möc82].
Die sich ergebende Zugverfestigungskurve für den Verbund σ'_C unterscheidet sich von der Zugverfestigungskurve der Verbundes ohne Eigenspannungen nur geringfügig. Die Zugeigenspannungen im Matrixmaterial führen zur Verkleinerung oder zum Wegfall des Bereichs I (vgl. Bild 2-4), da sich das Matrixmaterial früher bei Beanspruchung des Verbundes elastisch-plastisch verformt. Durch die Druckeigenspannungen im Verstärkungselement wird dieses erst ab der Totaldehnung ε'_D durch Zugspannungen beansprucht (vgl. Bild 2-6), was zu einer Verlängerung des Bereichs II führt und die Bruchtotaldehnung des Verstärkungselements zu höheren Dehnungen verschiebt. Die Zugfestigkeit des Verbundes wird demnach durch die Eigenspannungen nicht beeinflusst.

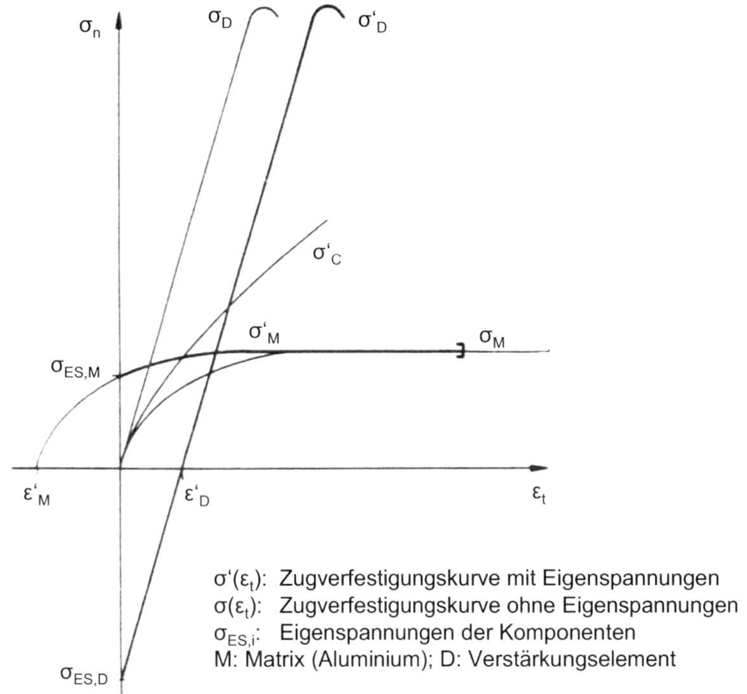

Bild 2-6: Zugverfestigungskurve eines Verbundwerkstoffes unter Berücksichtigung von Eigenspannungen nach [Möc82]

Unter der Annahme, dass sich bis zum Erreichen der Dehnung ε'_D das Verstärkungselement elastisch verhält und dass weiterhin gleiche Dehnungen in Verstärkungselement und Matrix vorliegen ($\varepsilon'_D = -\varepsilon'_M$), kann mittels Gleichung 2-5 die Zugverfestigungskurve des Verbundes abschnittsweise berechnet werden:

$$0 \leq \varepsilon_t < \frac{\sigma_{ES,D}}{E_D}:$$

$$\sigma'_C(\varepsilon_t) = (1-f)\cdot\sigma'_M(\varepsilon_t) + f\cdot\sigma'_D(\varepsilon_t)$$

$$= (1-f)\cdot\sigma_M\left(\varepsilon_t + \frac{\sigma_{ES,D}}{E_D}\right) + f\cdot\left(\varepsilon_t\cdot E_D - \sigma_{ES,D}\right)$$

2-5

$$\frac{\sigma_{ES,D}}{E_D} \leq \varepsilon_t:$$

$$\sigma'_C(\varepsilon_t) = (1-f)\cdot\sigma'_M(\varepsilon_t) + f\cdot\sigma'_D(\varepsilon_t)$$

$$= (1-f)\cdot\sigma_M\left(\varepsilon_t + \frac{\sigma_{ES,D}}{E_D}\right) + f\cdot\sigma_D\left(\varepsilon_t - \frac{\sigma_{ES,D}}{E_D}\right)$$

Auf Grund der unterschiedlichen thermischen Ausdehnungskoeffizienten der Verstärkungselemente und der Aluminiumlegierungen kommt es beim Abkühlen nach dem Strangpressprozess bzw. beim Abschrecken nach dem Lösungsglühen zu thermisch bedingten Eigenspannungen innerhalb der Profile bzw. Proben [Wit01]. Innerhalb eines unidirektional verstärkten Verbundes lässt sich der Mittelwert der Spannungen in der Matrix hervorgerufen durch eine Temperaturänderung ΔT gemäß Gleichung 2-6 berechnen [Maj01].

$$\bar{\sigma}_{axial,M} = (\alpha_F - \alpha_M)\cdot\Delta T\cdot E_M\cdot\frac{0,5\cdot\left[1+\frac{E_C}{E_F}\right]}{1-0,5\cdot\left[\frac{1-2\nu}{1-\nu}\right]\cdot\left[1-\frac{E_C}{E_F}\right]}\cdot\frac{E_F}{E_C}\cdot\frac{V_F}{1-\nu} \qquad \text{2-6}$$

Wobei $\alpha_{th,F}$ und $\alpha_{th,M}$ die thermischen Ausdehnungskoeffizienten für Faser und Matrix, E_F der Elastizitätsmodul des Verstärkungselements, E_M der Elastizitätsmodul der Matrix und E_C der Elastizitätsmodul des Verbundes sowie V_F der Verstärkungsanteil im Verbund sind. Vereinfachend kann angenommen werden, dass die Querkontraktionszahl ν für beide Werkstoffe gleich groß ist [Maj01].

Der Mittelwert der Spannungen im Verstärkungselement lässt sich im Anschluss mit dem Quotienten aus dem Volumenverhältnis zwischen Matrix und Verstärkungselement(en) berechnen, wie in Gleichung 2-7 dargestellt.

$$\bar{\sigma}_{axial,F} = -\frac{V_M}{V_F} \cdot \bar{\sigma}_{axial,M} \qquad 2\text{-}7$$

Erste Untersuchungen des Spannungszustandes innerhalb der Matrix wurden von [Sch06] mittels FEM-Abkühlsimulation durchgeführt. Ausgehend von einem Flachprofil mit EN AW-6060-Matrix mit den Abmessungen 20x5 mm², verstärkt mit zwei Verstärkungselementen mit einem Durchmesser von je 1 mm, wurde in der Simulation von 400 °C in 20 Minuten auf 40 °C abgekühlt. Dabei bildeten sich im Verstärkungselement Druckspannungen von -420 MPa aus, wohingegen in der Matrix Zugspannungen zwischen 7-16 MPa auftraten. Beide Spannungswerte sind von den verwendeten Werkstoffen für Matrix und Verstärkungselement rein elastisch zu ertragen [Wei06d].

An denselben Profilen führten [Wei05d] und [Wei06d] Eigenspannungsmessungen in der Nähe des Verstärkungselements im Matrixmaterial durch. Hierbei zeigte sich, dass es in unmittelbarer Nähe des Verstärkungselements zu Druckeigenspannungen im Matrixmaterial kommt, welche erst mit abnehmendem Abstand zur Grenzfläche in Zugspannungen umschlagen. In der zusätzlich durchgeführten Simulation konnte ermittelt werden, dass das Matrixmaterial direkt am Verstärkungselement durch die Druckspannungen plastisch verformt wird.

Von [Zae09] wurden Eigenspannungen in verbundstranggepressten Profilen zerstörungsfrei mittels Synchrotronstrahlung gemessen. Diese Untersuchungen weisen darauf hin, dass nach dem Verbundstrangpressprozess signifikante Druckeigenspannungen in den Verstärkungselementen vorliegen, welchen korrespondierende Zugeigenspannungen in der Matrix gegenüberstehen. Es konnte darüber hinaus, wie auch schon bei [Wei06d], ein Verlauf der Eigenspannungen innerhalb der Matrix festgestellt werden. Dies zeigt, dass die Annahme einer homogenen Spannungsverteilung im Matrixmaterial, wie in Gleichung 2-6 angenommen, in diesen Profilen nicht zutreffend ist. In den Verstärkungselementen konnte auf Grund der geringen Auflösung der Synchrotronmessungen kein Spannungsgradient ermittelt werden. Zur Abschätzung der Eigenspannungen in den Verstärkungselementen scheint es daher zulässig Gleichung 2-7 anzuwenden.

[Mei10] konnte an Proben aus verbundstranggepresstem EN AW-6082 verstärkt mit Federstahldraht (1.4310) ebenfalls feststellen, dass nach dem Verbundstrangpressprozess thermisch bedingte Eigenspannungen zwischen Verstärkungselement und Matrix nachzuweisen sind. Mit steigendem Verstärkungsanteil verringern sich hierbei betragsmäßig die Druckeigenspannungen im Verstärkungselement bzw. die Zugeigenspannungen im Matrixmaterial.

3. Probenwerkstoffe und -geometrie

3.1. Probenwerkstoffe

In dieser Arbeit werden je zwei Aluminiumlegierungen und zwei Verstärkungselementwerkstoffe untersucht, welche im Folgenden vorgestellt werden.

3.1.1. Die Matrixlegierung EN AW-6056

Als Matrixlegierung wurde die Aluminiumknetlegierung EN AW-6056 der Firma Alcan verwendet. Es handelt sich hierbei um eine warmaushärtbare AlMgSi-Legierung mit einer Dichte von 2,70 g/cm³ [Leq07], welche im Rumpf des Airbus A380 eingesetzt wird. Sie zeichnet sich durch vergleichbare mechanische Eigenschaften, jedoch eine deutlich verbesserte Schweißbarkeit im Vergleich zur Legierung EN AW-2024 aus, welche bisher für Bleche im Rumpfbereich von Flugzeugen eingesetzt wurde [Dif01b] [Bau01] [Viv96]. Die nominelle chemische Zusammensetzung in Ma.-% laut Hersteller ist in Tabelle 3-1 dargestellt.

Tabelle 3-1: Nominelle chemische Zusammensetzung von EN AW-6056 in Ma.-% [Dif01a] [Taa04]

Si	0,7-1,3	Cu	0,5-1,1	Fe	<0,5	Zr	0,07-0,20
Mg	0,6-1,2	Mn	0,4-1,0	Zn	0,1-0,7	Basis	Al

3.1.2. Die Matrixlegierung EN AW-2099

Als weitere Matrixlegierung kam im Rahmen dieser Arbeit die Aluminiumknetlegierung EN AW-2099 zum Einsatz. Hierbei handelt es sich um eine warmaushärtbare AlLiCuMg-Legierung der Firma Alcoa, welche ebenfalls im Rumpf des Airbus A380 eingesetzt wird. Im Vergleich zu herkömmlichen Legierungen im Luftfahrzeugbau (wie z.B. EN AW-2024) weist EN AW-2099 höhere Festigkeiten, verbesserte Ermüdungs- und Restfestigkeitseigenschaften sowie eine höhere Korrosionsbeständigkeit auf [Alc05]. Von allen bekannten Legierungselementen (außer Beryllium) reduziert Lithium die Dichte und erhöht den Elastizitätsmodul pro Gewichtsprozent Zulegierung am effektivsten [Lav90] [Ost07]. Die Dichte von EN AW-2099 beträgt 2,63 g/cm³ [Giu07] [Taa04]. Die Legierungselemente und deren nominelle Anteile in Ma.-% sind in Tabelle 3-2 dargestellt.

Tabelle 3-2: Nominelle chemische Zusammensetzung von EN AW-2099 in Ma.-% [Alc05] [Taa04]

Cu	2,4-3,0	Mg	0,10-0,50	Ti	<0,10	Be	<0,0001
Li	1,6-2,0	Mn	0,10-0,50	Fe	<0,07	Andere jeweils	<0,05
Zn	0,4-1,0	Zr	0,05-0,12	Si	<0,05	Andere gesamt	<0,15
						Basis	Al

3.1.3. Der Fe-Basisdraht (Nanoflex)

Als Verstärkungselement wurde der Drahtwerkstoff Nanoflex (Sandvik Bioline 1RK91) der Firma Sandvik (Schweden) mit einem Durchmesser von 1 mm verwendet. Bei diesem Werkstoff handelt es sich um einen ausscheidungshärtenden rostfreien Edelstahl mit hoher Umformbarkeit im Anlieferungszustand und hoher Festigkeit und guter Duktilität nach einer Wärmebehandlung. Im weichgeglühten Zustand weist der Werkstoff ein austenitisches Gefüge auf. Um Ausscheidungen bilden zu können, muss der Werkstoff zuerst gehärtet werden, wobei sich der Austenit teilweise in Martensit umwandelt. Durch Aushärtung bei 475 °C bilden sich innerhalb der martensitischen Bereiche Ausscheidungen, welche die Festigkeit deutlich ansteigen lassen. Über die Art der Ausscheidungen macht der Hersteller keine Angaben. Die maximale Festigkeit stellt sich nach einer Aushärtung von vier Stunden ein. Die Dichte von Nanoflex beträgt 7,9 g/cm³. Die chemische Zusammensetzung laut Hersteller ist in Tabelle 3-3 in Ma.-% dargestellt [San11].

Tabelle 3-3: Nominelle chemische Zusammensetzung des Drahtwerkstoffs Nanoflex in Ma.-% [San11]

C	<0,02	P	<0,020	Ni	9	Ti	0,9
Si	<0,5	S	<0,005	Mo	4	Al	0,4
Mn	<0,5	Cr	12	Cu	2,0	Basis	Fe

3.1.4. Der Co-Basisdraht (Nivaflex)

Als weiteres Verstärkungselement wurde das Material Nivaflex® 45/18 der Firma Vacuumschmelze GmbH & Co. KG (Hanau) ebenfalls in Drahtform mit einem Durchmesser von 1 mm herangezogen. Bei diesem Werkstoff handelt es sich um eine Multiphasenlegierung auf CoNiCr-Basis, deren verformungsinduzierte Phasenumwandlungen in Kombination mit Versetzungs- und Zwillingsbildung zu einer hohen Verfestigung des Materials im Lieferzustand führen. Der hier verwendete Draht lag im kaltverfestigten Zustand mit einem Umformgrad von 90 % vor. Die mechanischen Eigenschaften lassen sich darüber hinaus durch eine Wärmebehandlung und die damit verbundene Ausscheidungshärtung weiter verbessern. Zudem zeigt dieser Werkstoff eine ausgesprochene Korrosionsbeständigkeit sowie kein ferromagnetisches Verhalten. Der Draht besitzt laut Herstellerangaben eine Dichte von 8,5 g/cm³ und die chemische Zusammensetzung in Ma.-%, wie in Tabelle 3-4 aufgeführt [Vac06].

Tabelle 3-4: Nominelle chemische Zusammensetzung des Nivaflex® 45/18 in Ma.-% [Vac06]

Co	45	Cr	18	W	4	Ti	1
Ni	21	Fe	5	Mo	4		

3.2. Herstellung der Halbzeuge

3.2.1. Verbundstrangpressen

Die Pressungen der Profile wurden am Institut für Umformtechnik und Leichtbau (IUL) der Technischen Universität Dortmund durchgeführt. Es kam dabei ein Werkzeug für die Zuführung von vier Verstärkungselementen zum Einsatz, welches ein Pressverhältnis von 1:19 aufwies (Bild 3-1 links). Mit Hilfe eines Führungswerkzeuges wurden die Profile nach dem Austritt aus dem Pressmaul an einer ungewollten Verformung gehindert (vgl. Bild 3-1 rechts) und anschließend auf einem Kühltisch abgekühlt.

Bild 3-1: Presswerkzeug für die Verarbeitung von hochfesten Aluminiumlegierungen (links), Profilaustritt aus dem Pressmaul (rechts) (IUL)

Es wurden Blöcke mit einer Einsatzlänge von 200 mm verpresst. Die Stempelgeschwindigkeit betrug bei allen Pressungen 1 mm/s. Vor dem Strangpressen wurden die Verstärkungselemente manuell mit Aceton gereinigt. Die weiteren Pressparameter sind in Tabelle 3-5 aufgeführt.

Tabelle 3-5: Verwendete Pressparameter zur Profilherstellung

Matrixwerkstoffe	EN AW-6056 / EN AW-2099
Blocklänge	200 mm
Blockeinsatztemperatur	500 °C / 480 °C
Werkzeugtemperatur	400 - 450 °C
Rezipiententemperatur	450 °C
Stempelgeschwindigkeit	1 mm/s
Verstärkungselemente	Nanoflex (Fe) und Nivaflex (Co)
Verstärkungselement-Vorbehandlung	Aceton manuell
Profilkühlung	keine Abschreckung

Aus dem verbundstranggepressten Z-Profil mit den Abmessungen aus Bild 3-2 wurden anschließend für die weiteren Untersuchungen Proben entnommen, wobei ausschließlich querpessnahtfreie Profilabschnitte verwendet wurden (vgl. [Ham09a]).

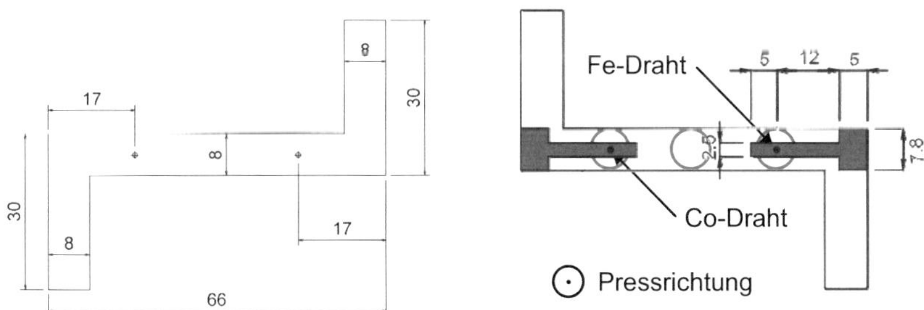

Bild 3-2: Profilgeometrie des Z-Profils (Abmessungen in mm)

Die grauen gefüllten Bereiche rechts in Bild 3-2 stellen die Stringergeometrie für die bauteilnahen Untersuchungen dar. Außerdem sind in Bild 3-2 rechts die Entnahmepositionen der verstärkten und unverstärkten Zugversuchs- und Ermüdungsproben durch hellgraue Kreise markiert. Die Push-Out-Proben wurden ausschließlich an den äußeren beiden Positionen entnom-

men. Alle Proben wurden aus verstärkten Profilen entnommen, um den Einfluss der Verstärkungselemente auf den Strangpressprozess zu berücksichtigen.
Ein Teil der Profile wurden an die Matrixhersteller versandt, um dort die Wärmebehandlung und das Recken im technischen Maßstab, wie im Folgenden beschrieben, durchzuführen.

3.2.2. Lösungsglühen

Die Profile wurden nach dem Strangpressen zum Teil durch die jeweiligen Matrixhersteller (Zustand T8I, vgl. Bild 3-3) lösungsgeglüht und in Wasser abgeschreckt. Die Legierung EN AW-6056 wurde bei 550 °C [Viv96] [Del04], die Legierung EN AW-2099 bei 532 °C lösungsgeglüht [Wei09] [Sae06]. Für die Herstellung der Zustände T6 und T8 (vgl. Bild 3-3) wurden Zugversuchsproben in Stickstoffatmosphäre wärmebehandelt.

3.2.3. Recken

Im Anschluss an das Lösungsglühen und Abschrecken wurden die Profile gereckt. Je nach Aluminiumlegierung wurde ein Reckgrad von 2,5 % (EN AW-2099) bzw. 0,6 % (EN AW-6056) eingestellt. Überprüft wurde das Erreichen des jeweiligen Reckgrades durch Ausmessen von Markierungen, welche vor dem Recken auf das jeweilige Profil aufgebracht worden waren. Zum Erreichen des Zustandes T8 wurden die Zugproben in einer Prüfmaschine gereckt und der Reckgrad über den angebrachten Ansetzdehnungsaufnehmer kontrolliert.

3.2.4. Aushärten

Anschließend an das Recken wurden die Profile bzw. Proben warmausgelagert. Für EN AW-6056 wurde eine Aushärtung von 4 Stunden bei 185 - 195 °C verwendet [Viv96] [Del04] [Wei09]. Die Legierung EN AW-2099 wurde einer zweistufigen Aushärtung unterzogen. Zuerst wurde bei 121 °C für 12 Stunden und anschließend bei 152-158 °C für 48 Stunden warmausgelagert [Sta00] [Wei09] [Sae06].

3.3. Werkstoff- und Probenzustände

Aus den oben erwähnten verbundstranggepressten Profilen wurden die Proben zur mechanischen Charakterisierung entnommen. Im Weiteren werden die Verbunde durch die Matrixlegierungen (EN AW-6056 oder EN AW-2099, kurz 6056 und 2099) und das jeweilige Verstärkungselement (Fe-Basisdraht oder Co-Basisdraht) bezeichnet. Wird bei der Bezeichnung kein Verstärkungselement angeführt, handelt es sich um unverstärkte Proben, soweit nicht anders angegeben.
Zur Verdeutlichung sind die unterschiedlichen Zustände innerhalb der Prozesskette der Profilherstellung und deren Wärmebehandlung nach [Din89] in Bild 3-3 dargestellt.

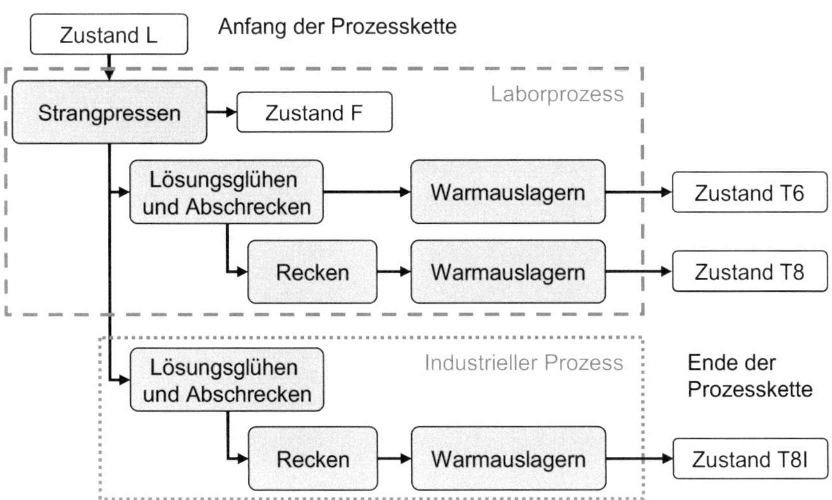

Bild 3-3: Übersicht der Prozessschritte und der jeweiligen Werkstoffzustände nach [Din89]

Im Folgenden werden z.B. Nanoflex-drahtverstärkte Proben mit EN AW-6056 Matrix wärmebehandelt und gereckt durch die Industriepartner am Ende der Prozesskette mit 6056+Fe-T8I bezeichnet. Unverstärkte Proben direkt nach dem Strangpressen mit EN AW-2099 Matrix erhalten analog dazu die Bezeichnung 2099-F.

Im Rahmen dieser Arbeit werden die "Werkstoffzustände am Anfang der Prozesskette", also direkt nach dem Strangpressen (Zustand F) bzw. im Lieferzustand (Zustand L) und "Werkstoffzustände am Ende der Prozesskette", also nach Recken und Warmauslagern durch die Industriepartner (Zustand T8I) besonders intensiv untersucht. Die Ergebnisse der Untersuchungen der "Werkstoffzustände zwischen einzelnen Prozessschritten" innerhalb der Prozesskette (Zustand T6 und T8) sind in Kapitel 5.3 zusammengefasst.

3.4. Probengeometrien

3.4.1. Zugproben

Die zylindrischen Zugproben besitzen eine Messstreckenlänge von 20 mm und einen Messstreckendurchmesser von 3 mm. Das Verstärkungselement mit einem Durchmesser von 1 mm liegt in der Probenachse. Der Verstärkungsanteil beträgt somit in der Messstrecke 11,1 Vol.-%. Die Probengeometrie ist in Bild 3-4 dargestellt. Die gestrichelte Linie zeigt die Lage des Verstärkungselements bei verstärkten Proben. Die Proben wurden an den in Bild 3-2 dargestellten Bereichen aus dem Profil entnommen.

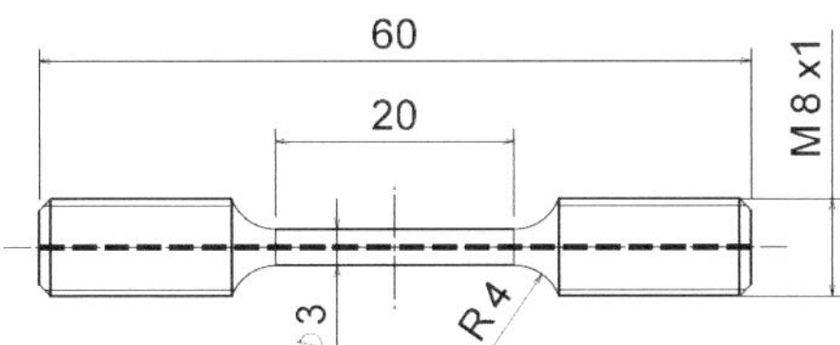

Bild 3-4: Probengeometrie Zugprobe (Abmessungen in mm)

3.4.2. Push-Out-Proben

Die Proben für die Push-Out-Versuche besitzen eine Höhe von 1 mm, wobei der Draht von ausreichend Matrixmaterial umgeben ist (siehe Bild 3-5). Die Proben wurden aus den verstärkten Bereichen aus dem Profil entnommen (vgl. Bild 3-2).

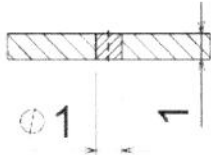

Bild 3-5: Probengeometrie Push-Out-Probe (Abmessungen in mm)

3.4.3. Reckproben

Die Reckversuche wurden an Proben mit einem Querschnitt von 8x12 mm² und einer Länge von 150 mm durchgeführt. Das Verstärkungselement befand sich dabei in der Mitte der Probe und der Verstärkungsanteil innerhalb der Probe betrug 0,82 %. Anschließend wurden aus diesen Proben Push-Out-Proben (vgl. Bild 3-2) gefertigt. Die übrigen Reckversuche wurden an Zugproben durchgeführt.

3.4.4. Ermüdungsproben

Die Ermüdungsproben wurden ebenfalls aus den bereits erwähnten Profilen entnommen, welche jedoch nach dem Verbundstrangpressprozess durch die Industriepartner wärmebehandelt und gereckt wurden (Zustand T8I). Die Probengeometrie ist in Bild 3-6 dargestellt. Sie weist eine Messstreckenlänge von 10 mm und einen Durchmesser von 3 mm in der Messstrecke auf, was in einem Verstärkungsgehalt von 11,1 Vol.-% resultiert. Die gestrichelte Linie zeigt die Lage des Verstärkungselements bei verstärkten Proben. Die Proben wurden an den in Bild 3-2 dargestellten Bereichen aus dem Profil entnommen.

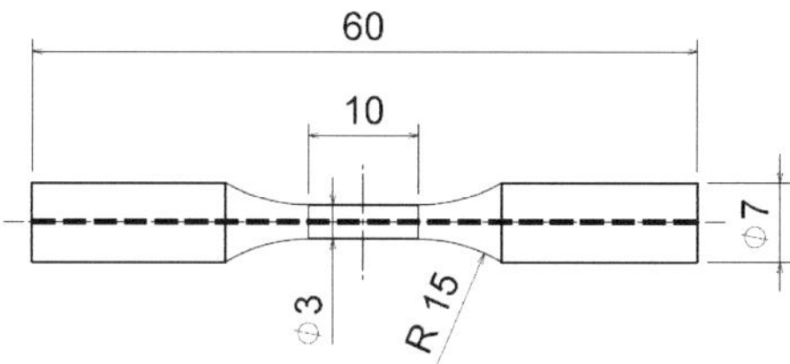

Bild 3-6: Probengeometrie Ermüdungsprobe (Abmessungen in mm)

4. Versuchsaufbau und -durchführung

4.1. Mikrostrukturelle Untersuchungen

4.1.1. Lichtmikroskopische Untersuchungen

Zur Untersuchung der Einbettung der Verstärkungselemente in die Aluminiummatrix, der Diffusionsschicht, des Gefüges sowie der Schädigungsentwicklung und Fraktografie wurden unterschiedliche Lichtmikroskope eingesetzt. Sofern nicht besonders kenntlich gemacht, handelt es sich bei den vorgestellten metallografischen Schliffen um Querschliffe senkrecht zur Profilrichtung. Die Matrixlegierungen wurden an zwei Positionen innerhalb des Profils untersucht, zum einen in der Mitte zwischen Verstärkungselement und Rand des Profils und zum anderen in direkter Nähe des Verstärkungselements. Die jeweilige Position im Profil wird durch eine Skizze verdeutlicht.
Die makroskopischen Untersuchungen wurde an einem Makroskop der Firma Wild (Modell M 420, Vergrößerung 6,3-fach bis 32-fach) durchgeführt. Für die mikroskopischen Untersuchungen an ungeätzten und geätzten Schliffen wurden Lichtmikroskope der Firmen Leitz (Modell Aristomet) und Zeiss (Modell Axiovert 200 MAT) mit Vergrößerungen zwischen 50-fach und 1000-fach verwendet. Die geätzten Schliffe wurden mit dem Ätzmittel H_2SO_4/HF angeätzt, soweit nicht anders angemerkt.
Das Ätzmittel H_2SO_4/HF besteht aus zwei verschiedenen Lösungen, welche nach dem jeweiligen Ansetzten vorsichtig gemischt werden. Lösung 1 beinhaltet 90 ml Wasser und 10 ml H_2SO_4, Lösung 2 beinhaltet 95 ml Wasser und 5 ml HF (Flusssäure). Die Ätzungen erfolgten bei Raumtemperatur und je nach Probengröße für 70-90 Sekunden.

4.1.2. Rasterelektronenmikroskopische Untersuchungen

Die rasterelektronenmikroskopischen Untersuchungen an Bruchflächen und Push-Out-Proben wurden an einem Rasterelektronenmikroskop der Firma Zeiss (Modell LEO EVO 50) mit Vergrößerungen bis zu maximal 5000-fach durchgeführt.

4.1.3. Mikrohärtemessungen

Die Mikrohärtemessungen wurden auf einem Vickers Mikrohärteprüfgerät (Modell HMV-2000) der Firma Shimadzu durchgeführt. Es kam ein Prüfgewicht von 100 g zum Einsatz. Zur Vergleichbarkeit wurde bei allen Werkstoffen und Zuständen die Mikrohärte verwendet sowie immer der Mittelwert aus fünf Messungen innerhalb von metallografischen Schliffen bestimmt.

4.2. Röntgenografische Eigenspannungsmessungen

Die röntgenografischen Eigenspannungsmessungen wurden im Rahmen eines Forschungsaufenthaltes am NIST Center for Neutron Research (NCNR) des National Institute of Standards and Technology (NIST) in Gaithersburg, MD, USA durchgeführt. Es kam hierbei ein 4-Kreis-Diffraktometer der Bauart XDS 2000 der Firma Scintag Inc. (USA) zum Einsatz, welches um eine Eulerwiege der Bauart Huber 512.5 erweitert war. Zusätzlich dazu war es mit einem xyz-Tisch zur Probenmanipulation sowie einem Liniendetektor der Bauart Ordela 1050X ausgestattet (siehe Bild 4-1 links).

Die Röntgenstrahlung wurde mittels einer Chrom-Röhre mit einer Wellenlänge von 0,2291 nm erzeugt. Der Strahl wurde mit Hilfe eines Röhrenkollimators und einer Schlitzblende mit einer Breite von 0,1 mm gebündelt. Die Messungen wurden rechnergesteuert mit der Software SPEC von Certified Scientific Software durchgeführt und aufgezeichnet.

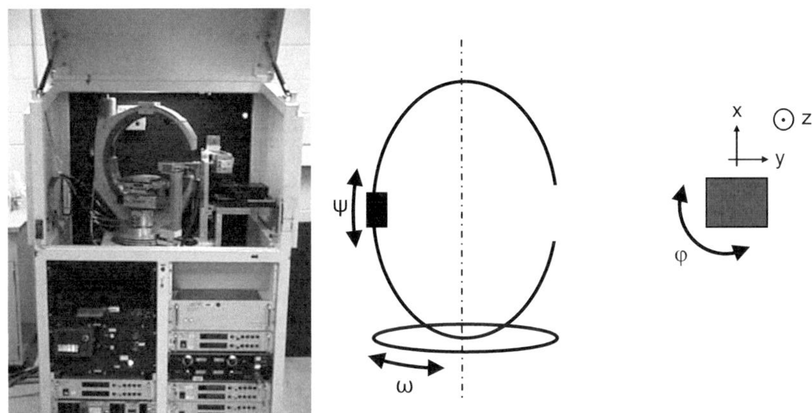

Bild 4-1: Links: Messaufbau zur röntgenografischen Eigenspannungsmessung am NCNR (NIST); rechts: Winkel eines 4-Kreis-Diffraktometer und Manipulationsmöglichkeiten des Probentisches

Je nach gemessener Spannungskomponente wurden die Proben um $\psi = \pm 45°$ in 23 Schritten (axiale Eigenspannungen) bzw. $\omega = \pm 30°$ (vgl. Bild 4-1 rechts) in 17 Schritten (tangentiale Eigenspannungen) gekippt. Tangentialmessungen an Zugproben wurden auf Grund der geometrischen Verhältnisse nur zwischen $\omega = 0°$ und $\omega = +30°$ in 9 Schritten durchgeführt. Die gemessenen Intensitätspeaks wurden mit Hilfe der NCNR eigenen Software PF mittels des $\sin^2\psi$-Verfahrens ausgewertet, gefittet und in elastische Spannungen umgerechnet.

Um den Einfluss der runden Probenform bei den Messungen an Zugproben zu berücksichtigen, wurden Messungen an Alufolie, welche auf die Messstrecke der Zugproben aufgebracht war, durchgeführt. Die hierbei gemessenen scheinbaren Spannungen, welche nur auf Grund geometrischer Effekte auftreten, werden im Folgenden bei den Messergebnissen an Zugproben abgezogen.

4.3. Radiografische Untersuchungen

Die radiografischen Untersuchungen wurden an einem Yxlon Precision Computertomografen durchgeführt. Als Detektor kam ein Perkin Elmer® Flächendetektor mit einer Pixelbreite von 200 µm und einer Auflösung von 2048x2048 Pixel zum Einsatz. Die Erzeugung der Röntgenstrahlung erfolgte mittels einer Mikrofokus-Röntgenröhre. Die Profile wurden dabei in Teilstücke getrennt und hochkant in ein Spannfutter eingesetzt. Zur Untersuchung von mehreren Einzelproben fand ein Halter Verwendung, welcher 25 Proben gleichzeitig aufnehmen konnte.

4.4. Quasistatische Versuche

4.4.1. Zugversuche

Die Zugversuche wurden auf einer Universalprüfmaschine der Bauart Zwick 1478 mit einer Nennlast von 100 kN bzw. der Bauart Zwick/Roell ZMART.PRO mit einer Nennlast von 200 kN durchgeführt. Die Querhauptgeschwindigkeit betrug $2{,}2 \times 10^{-3}$ mm/s, was einer Dehngeschwindigkeit von $1{,}1 \times 10^{-4}\ s^{-1}$ in der Messstrecke gemäß DIN EN 2002 [Din06] entspricht. Die Proben wurden mittels M8x1 Feingewinden an den Probenköpfen eingespannt. Die Dehnungsmessung erfolgte mit Hilfe eines Ansetzdehnungsaufnehmers direkt in der Messstrecke. Je Probenzustand wurden mindestens drei Zugversuche durchgeführt. Im Ergebnisteil dieser Arbeit wird jeweils nur eine exemplarische Zugverfestigungskurve wiedergegeben, die angegebenen mechanischen Kennwerte stellen dagegen die Mittelwerte von drei Versuchen dar.

Zusätzlich zu den bereits angesprochenen Zugversuchen mit Ansetzdehnungsaufnehmer wurden Zugversuche mit einem optischen Dehnungsmesssystem am NIST (USA) durchgeführt und mit der Software Vic-3D 2007 von correlated SOLUTIONS mittels Grauwertkorrelation ausgewertet. Die Querhauptgeschwindigkeit entsprach den Versuchen mit Ansetzdehnungsaufnehmer. Die Einspannung der Proben erfolgte ebenfalls durch M8x1 Feingewinde an den Probenköpfen. Die Proben wurden in der Messstrecke zuerst weiß lackiert und anschließend mit schwarzem Lack und einer Paintbrush Sprüheinrichtung mit einem feinen regellosen Muster versehen, da die Aluminiumoberfläche alleine nicht genügenden Kontrast liefert, um anschließend eine Grauwertkorrelation zur Dehnungsermittlung durchzuführen. Eine derart präparierte Probe ist exemplarisch in Bild 4-2 abgebildet.

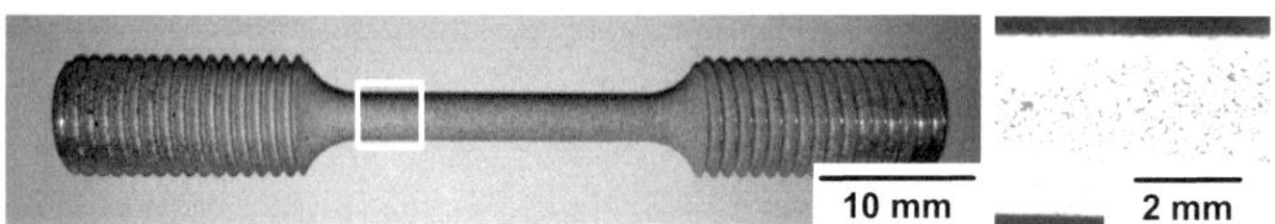

Bild 4-2: Zugprobe für die optische Dehnungsmessung mittels Grauwertkorrelation mit Detailansicht

Während des Versuchs wurde alle 10 Sekunden je ein Bild von zwei Kameras aufgenommen, deren optische Achsen in einem Winkel von 30° zueinander orientiert waren. Mit einer entsprechenden Kalibrierung im Vorfeld der Versuche ist so eine 3D-Darstellung des untersuchten Bereichs der Messstrecke möglich.

4.4.2. Drahtzugversuche

Die Drahtzugversuche wurden auf einer Universalprüfmaschine der Bauart Zwick 1478 durchgeführt, wobei feste Rollen mit einem Durchmesser von 100 mm zum Einspannen der Drähte verwendet wurden. Die Querhauptgeschwindigkeit betrug $1{,}67 \times 10^{-2}$ mm/s, was einer Dehngeschwindigkeit von $8{,}33 \times 10^{-5}\,s^{-1}$ in der Messstrecke gemäß DIN EN 2002 [Din06] entspricht. Die Dehnungsmessung erfolgte mittels Ansetzdehnungsaufnehmer direkt in der Messstrecke. Je Zustand wurden mindestens drei Zugversuche durchgeführt. Im Ergebnisteil dieser Arbeit wird jeweils nur eine exemplarische Zugverfestigungskurve wiedergegeben.

Im Zustand T8I war es nicht möglich Drahtzugversuche, wie oben beschrieben, durchzuführen, da die Drahtwerkstoffe zu stark versprödeten. In weiteren Zuständen (F, T6, T8) ist der Draht nicht für Zugversuche zugänglich, da er vom Matrixmaterial umgeben ist. Es wurde deshalb bei Zugproben das Matrixmaterial in der Messstrecke mit zweimolarer Natronlauge bei ca. 74 °C weggeätzt, so dass die Proben je ein M8x1 Feingewinde an den Probenköpfen aufwiesen und in der Messtrecke lediglich der Draht zurückgeblieben war, wie in Bild 4-3 zu erkennen ist.

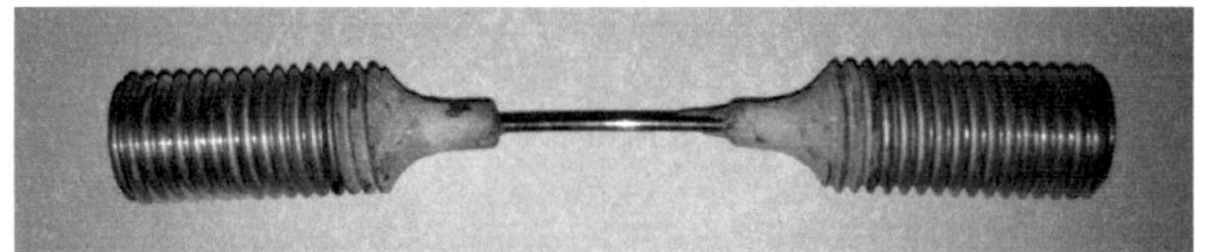

Bild 4-3: Zugprobe für Drahtzugversuche im Zustand F, T6, T8 und T8I

An diesen Proben wurden ebenfalls Zugversuche mit der oben aufgeführten Dehngeschwindigkeit in der Messstrecke durchgeführt, um die Beeinflussung des mechanischen Verhaltens der Drahtwerkstoffe durch den Verbundstrangpressprozess zu bestimmen. Durch das Freiätzen kommt es jedoch zwangsweise zur Entlastung der Eigenspannungen und damit zu Verzügen, wie in Bild 4-3 zu erkennen. Die Bezeichnung der durchgeführten Versuche erfolgt durch die Angabe des Drahtwerkstoffes (Fe oder Co) und der Bezeichnung des Verbundes in Klammern, welcher zur Herstellung genutzt wurde. Eine aus dem Verbund 6056+Fe-T8I geätzte Fe-Drahtzugprobe wird demzufolge mit Fe (6056+Fe-T8I) bezeichnet.

4.4.3. Push-Out-Versuche

Die Push-Out-Versuche zur Bestimmung der Grenzflächenscherfestigkeit zwischen Verstärkungselement und Matrixmaterial wurden mit einer Prüfmaschine der Bauart Zwick I 2,5 kN und einem konischen Indenter mit einem Kalottenradius von 0,5 mm durchgeführt, wie in [Wei06b] beschrieben. Die Geschwindigkeit des Indenters betrug hierbei 0,5 mm/min. Der Versuch wurde nach 500 µm Indenterweg abgebrochen, da es andernfalls zum Kontakt zwischen der Mantelfläche des Indenters und dem Matrixmaterial gekommen wäre. Je Zustand wurden 15 Proben geprüft und der Mittelwert aus mindesten 10 gültigen Proben gebildet.

Zur Untersuchung der Schädigungsentwicklung während der Push-Out-Versuche wurden einzelne Versuche nach unterschiedlichen Indenterwegen abgebrochen und anschließend metallografische Längsschliffe entlang der Drahtachse angefertigt.

4.5. Zyklische Versuche

4.5.1. Lebensdauerverhalten

Es wurden Ermüdungsversuche kraftkontrolliert an einer servohydraulischen Prüfmaschine der Bauart Schenk mit einer Nennlast von 10 kN durchgeführt. Die Proben wurden hydraulisch mit einem maximalen Spanndruck von 200 bar eingespannt. Die Versuchsfrequenz betrug 50 Hz und es wurden die Lastverhältnisse R = -1; R = 0,1 und R = 0,5 bei den Matrixlegierungen und R = -1 und R = 0,1 an verstärkten Proben untersucht.

Zur Dehnungsmessung in der Messstrecke wurde ein kapazitiver Ansetzdehnungsaufnehmer mit Keramikstäbchen verwendet. Die Grenzlastspielzahl betrug 10^7 Zyklen. Die Sollwertvorgabe sowie die Messdatenerfassung erfolgte rechnerkontrolliert. Als 10^7-Wechsel- bzw. -Dauerfestigkeit wurden die Schnittpunkte zwischen den Ausgleichsgeraden und 10^7 Zyklen definiert.

4.5.2. Wechselverformungsverhalten

Die Auswertung der Hysteresen der einzelnen Lastspiele erfolgte mit der institutseigenen Software AWNEU. So können Aussagen über das Wechselverformungsverhalten der verschiedenen Verbundkombinationen unter Ermüdungsbeanspruchung getroffen werden.

4.5.3. Schädigungsentwicklung

Zur Untersuchung der Schädigungsentwicklung wurden Ermüdungsversuche, bei einem Lastverhältnis von R = -1 durchgeführt. Die Versuche wurden zum einen bei bestimmten Lastspielzahlen abgebrochen und nach der Anfertigung von metallografischen Längsschliffen lichtmikroskopisch untersucht. Zum anderen wurden die Ermüdungsversuche unterbrochen und die Proben innerhalb der Messstrecke an der Oberfläche lichtmikroskopisch sowie rasterelektronenmikroskopisch untersucht. Bei diesen Untersuchungen kamen in der Messstrecke polierte Proben zum Einsatz, um eine Rissinitiierung an der Probenoberfläche untersuchen zu können.

Die Präparation der polierten Proben erfolgte in folgenden Schritten:

- Schleifen mit Schleifpapier der Körnung 1000 für ca. 15 Minuten
- Polieren mit 6 µm-, und anschließend 3 µm-Diamantsuspension auf Wasserbasis für jeweils ca. 15 Minuten
- Polieren mit 0,25 µm-Polierpaste für ca. 20 Minuten
- Endpolieren mit 0,05 µm-Siliziumdioxidsuspension

Vor jeder mikroskopischen Untersuchung der Probenoberfläche oder vor Beginn eines neuen Polierschrittes wurden die Proben im Ultraschallbad mit Ethanol gereinigt. Zwischen jedem Polierschritt wurde zudem die Probenoberfläche mit dem Lichtmikroskop auf eine gleichmäßige Oberflächenqualität hin überprüft, sowie darauf geachtet, dass keine Spuren der vorherigen Bearbeitungsstufe mehr vorhanden waren [Thi08].

5. Versuchsergebnisse

5.1. Verbundstrangpressen hochfester Aluminiumlegierungen

Da die zur Herstellung der Profile verwendete Strangpresse am IUL in Dortmund eine Maximalkraft von 10 MN aufweist, musste zunächst die Pressbarkeit der hochfesten Aluminiumknetlegierungen EN AW-6056 und EN AW-2099 nachgewiesen werden.

In der ersten Versuchspressung wurde ein bereits erfolgreich eingesetztes mehrstufiges Verbundwerkzeug zur Herstellung eines Flachprofils mit dem Querschnitt 56x5 mm^2 und einem Gesamtpressverhältnis von 1:60 verwendet. Als Blockwerkstoff kam die Legierung EN AW-2099 mit einer Blocklänge von 300 mm zum Einsatz. Vor Pressbeginn wurden jeweils ein Fe-Draht und ein Co-Draht ins Werkzeug eingeführt. Die Fertigung eines Verbundprofils mit einer kontinuierlichen Einbettung beider Drähte war möglich. In Bild 5-1 ist der geätzte Querschliff des Profils dargestellt.

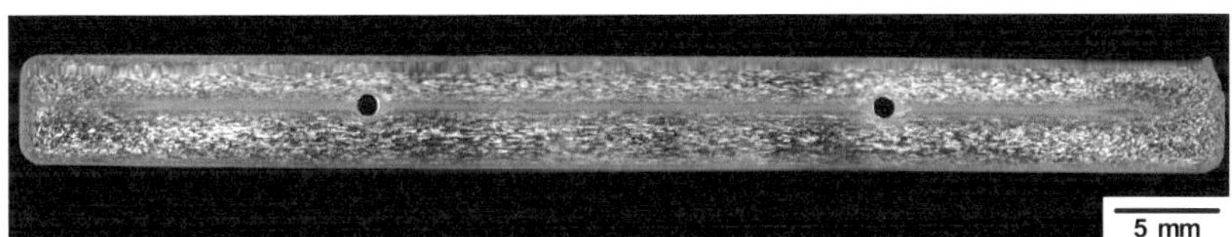

Bild 5-1: Geätzter Schliff der ersten Versuchspressung mit EN AW-2099 Matrix

Es wurde bei diesem Versuch permanent die maximale Stempelkraft erreicht und ab einer Profillänge von 500 mm konnte der Stempel nicht mehr weiter verfahren werden, woraufhin der Prozess abgebrochen werden musste. Als Ursache wurde die niedrige Werkzeugtemperatur identifiziert, da während des Pressvorganges Wärme in den Gegenholm der Maschine abfloss. Als Gegenmaßnahme wurden Zirkoniumoxidplatten in einen modifizierten Werkzeughalter integriert (vgl. Bild 5-2). Die Werkzeugtemperatur konnte durch diese Maßnahme deutlich gesteigert werden, wodurch die Prozesssicherheit beim Verpressen hochfester Legierungen verbessert wurde.

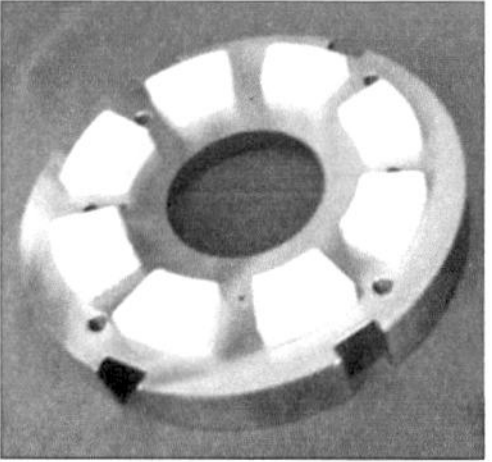

Bild 5-2: Werkzeugisolierung mit keramischen Einsätzen [Ham09a]

Bei weiteren Pressversuchen mit dem Werkstoff EN AW-2099 traten trotz Werkzeugisolierung sehr hohe Presskräfte auf, die maßgeblich durch das hohe Pressverhältnis hervorgerufen wurden. Zur zusätzlichen Reduktion der benötigten Presskräfte und zur Erhöhung der möglichen Pressgeschwindigkeiten wurde ein neues Werkzeug für die Zuführung von 4 Verstärkungselementen entworfen, das ein Pressverhältnis von 1:19 ermöglicht (Bild 5-3).

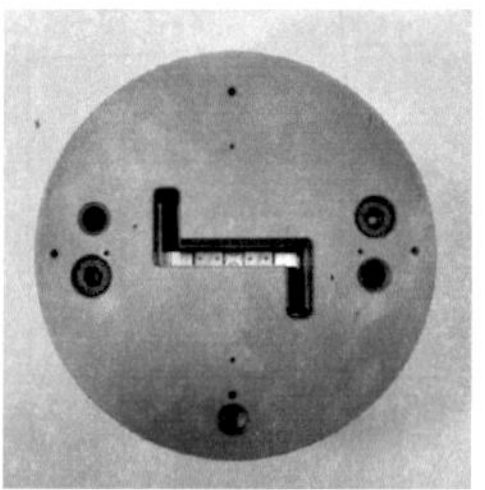
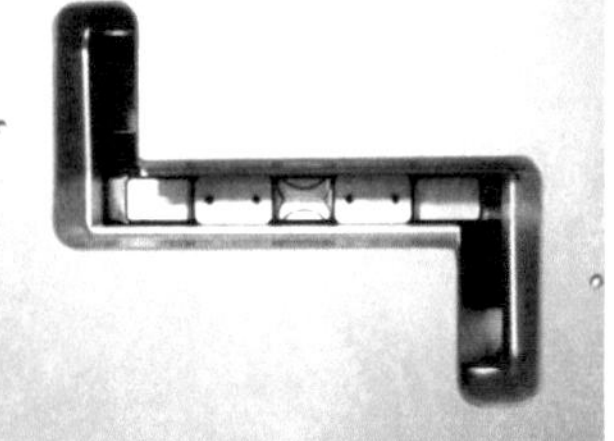

Bild 5-3: Verbundwerkzeug für den Einsatz von hochfesten Aluminiumlegierungen [Ham09a]

Das neue Werkzeug hat vergrößerte Einläufe (Bild 5-3, links), die den Werkstofffluss weniger hemmen als das bisher verwendete Werkzeug. Eine weitere Verringerung des Pressverhältnisses zur Reduktion der Prozesskräfte ist nicht sinnvoll, weil dies zu einer schlechten Einbettung der Drähte auf Grund des sinkenden Pressdrucks führen würde. Des Weiteren würde sich die herstellbare querpressnahtfreie Profillänge durch die gegebene Volumenkonstanz verkürzen.

Für das nach dem Strangpressen erforderliche Recken der Profile und für die anschließende Fertigung der Hautfelder ist eine querpressnahtfreie Profillänge von mindestens 1500 mm erforderlich. Bedingt durch den Zielkonflikt der Anforderungen, ein Strukturbauteil mit der geforderten Mindestlänge ohne Querpressnähte aus zwei hochfesten Aluminiumknetlegierungen herzustellen, wurde neben der Anpassung der Werkzeuggeometrie gleichzeitig auch die Blockeinsatzlänge gekürzt.

Mit dem neuen Werkzeug und der optimierten Blocklänge wurde zur Bestimmung der Querpressnahtlänge und -lage ein Pressblock an der Oberfläche mit dem Trennmittel Bornitrid besprüht und im Anschluss an einen nicht präparierten Block verpresst. Anhand von Querschliffen war die Querpressnaht bis zu einer Profillänge von ca. 1200 mm deutlich sichtbar (vgl. Bild 5-4). Ab einer Profillänge von 1400 mm war keine Querpressnaht mehr nachweisbar.

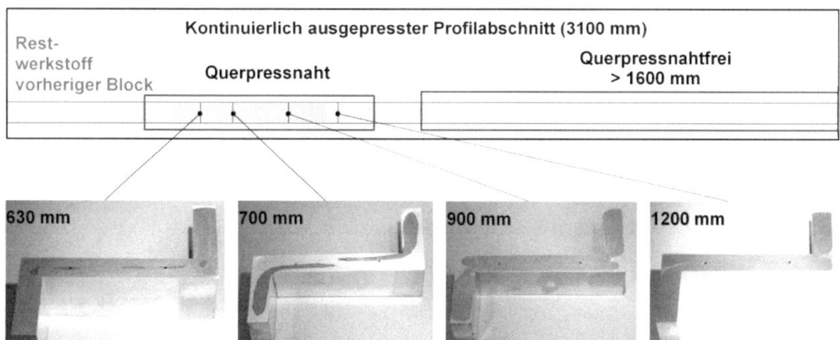

Bild 5-4: Analyse zur Länge der Querpressnaht (Schliffbilder nachbearbeitet) [Ham09a]

In mehreren Pressungen konnten verstärkte Profile aus den beiden Legierungen prozesssicher hergestellt werden. Temperaturaufzeichnungen bestätigten, dass die Anforderungen an den Prozess bezüglich homogener Temperaturverteilung in ausreichendem Maße erfüllt werden. Allerdings zeigten mikroskopische Auswertungen, dass die Drähte teilweise nicht spaltfrei in der umgebenden Aluminiummatrix eingebettet wurden. Durch ein Anstellen der Führungsflächen am Werkzeug konnte der Druck auf den Verbund in der Schweißkammer erhöht werden und somit die Einbettung der Drähte im Profil verbessert werden.

Um zu kontrollieren, ob die Drähte an der gewünschten Position in der späteren Stringerkontour (vgl. Bild 3-2) liegen und beim Ausfräsen der Stringer nicht beschädigt werden, wurde die Lage der Verstärkungselemente im Profil analysiert. In Bild 5-5 ist die vertikale Lageabweichung der zugeführten Drähte zu sehen. Über die gesamte Profillänge wurden sieben Proben entnommen.

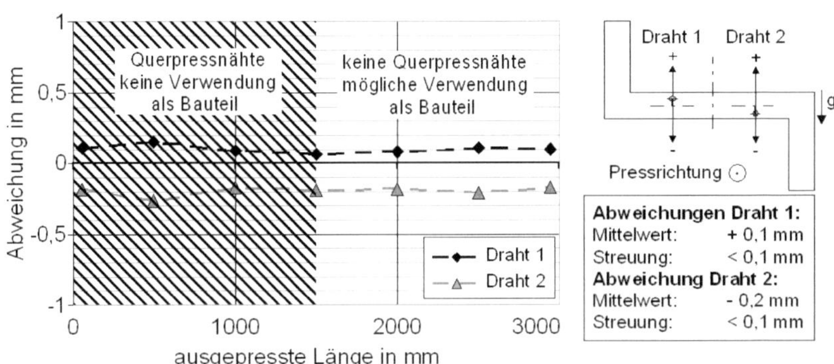

Bild 5-5: Vertikale Lageabweichung der Drähte im Profil [Ham09a]

Draht 1 wurde während der Pressung maximal 0,2 mm nach oben und Draht 2 maximal 0,3 mm nach unten abgelenkt. Die gegensätzliche Lageabweichung der beiden Drähte wird durch den Materialfluss im Profil erzeugt. Auch bei der horizontalen Lageabweichung konnten keine größeren Abweichungen der Drahtlage festgestellt werden (Bild 5-6). Durch den Werkstofffluss werden beide Drähte nach innen abgelenkt. Die gemessenen Abweichungen wurden als unkritisch für die nachfolgenden Prozessschritte beurteilt.

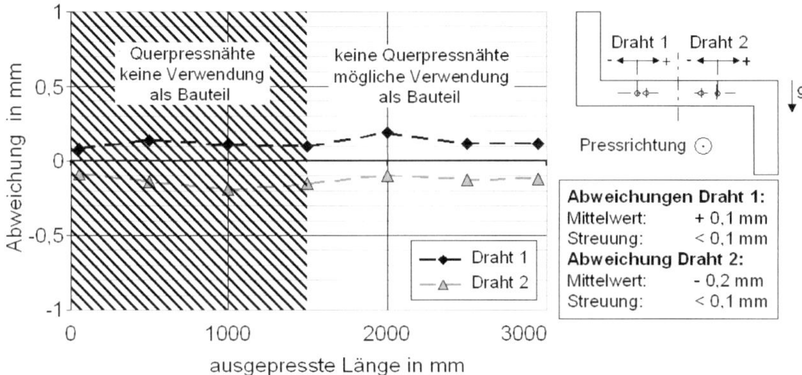

Bild 5-6: Horizontale Lageabweichung der Drähte im Profil [Ham09a]

5.2. Werkstoffzustände am Anfang der Prozesskette

In diesem Abschnitt werden die Ergebnisse nach dem Strangpressen (Zustand F) bzw. im Lieferzustand vor dem Strangpressen (Zustand L, vgl. Bild 5-7) zusammengefasst.

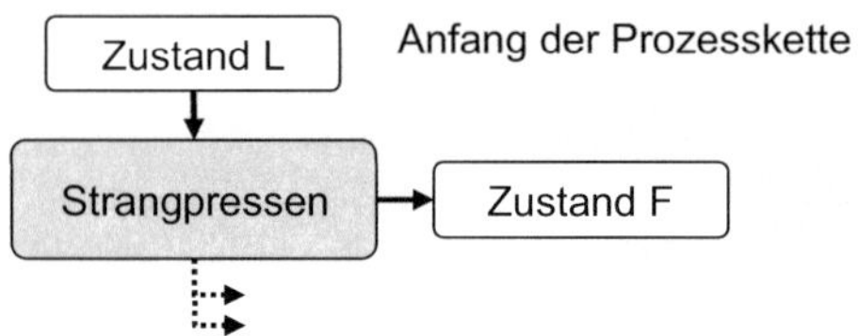

Bild 5-7: Anfang der Prozesskette mit zugehörigen Werkstoffzuständen

Die Profile wurden nach dem Strangpressen auf Kühltischen an Luft gleichgewichtsnah abgekühlt, wodurch keine Kaltauslagerung der Profile zu erwarten ist.

5.2.1. Matrixmaterial

5.2.1.1 Metallografie

Im Folgenden wird das Gefüge der Matrixmaterialien im Verbund nach dem Strangpressen (Zustand F) vorgestellt. In Bild 5-8 sind geätzte Querschliffe des Matrixwerkstoffes an unterschiedlichen Positionen innerhalb eines verstärkten 6056-F-Profils dargestellt (vgl. Kapitel 4.1.1). In beiden Fällen sind Ausscheidungen zu erkennen, welche teilweise aus der Matrix heraus geätzt wurden. Die Korngröße rechts in Bild 5-8 in der Nähe des Verstärkungselements ist deutlich kleiner, da es in diesem Bereich zu deutlich mehr plastischer Deformation während des Strangpressprozesses und somit bei den verwendeten Temperaturen zur Rekristallisation dieser Bereiche kam.

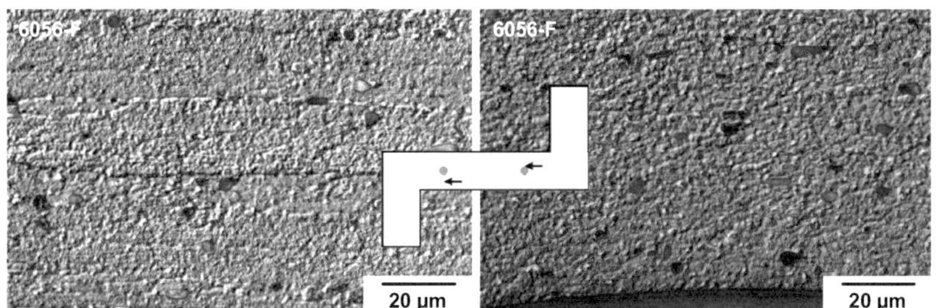

Bild 5-8: Geätztes Gefüge 6056-F

Geätzte Schliffe der 2099-F-Matrix sind in Bild 5-9 dargestellt. Auch hier ist festzustellen, dass eine Rekristallisation des Matrixmaterials um das Verstärkungselement herum vorliegt. Die Körngröße erscheint in diesem Bereich geringfügig größer als bei 6056-F. Zwischen Verstärkungselement und Rand des Profils (Bild 5-9 links) ist das Gefüge deutlich feinkörniger als an der gleichen Stelle im 6056-F-Profil (Bild 5-8 links).

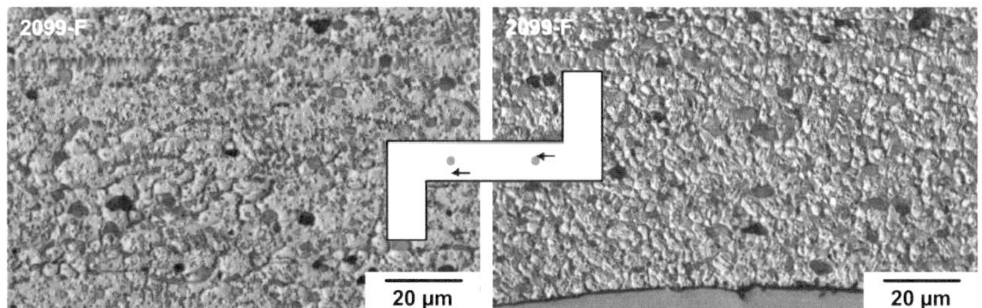

Bild 5-9: Geätztes Gefüge 2099-F

5.2.1.2 Mikrohärtemessungen

Die Mikrohärtemessungen in metallografischen Schliffen der Matrixlegierungen nach dem Strangpressen ergaben einen Mittelwert von 58,5 ± 2,2 HV 0,1 für die 6056-F-Matrix sowie einen Mittelwert von 92,7 ± 9,5 HV 0,1 für die 2099-F-Legierung.

5.2.1.3 Zugversuche

Im Folgenden werden die Zugverfestigungskurven der unverstärkten Matrixlegierungen direkt nach dem Strangpressprozess (Zustand F) dargestellt (Bild 5-10).

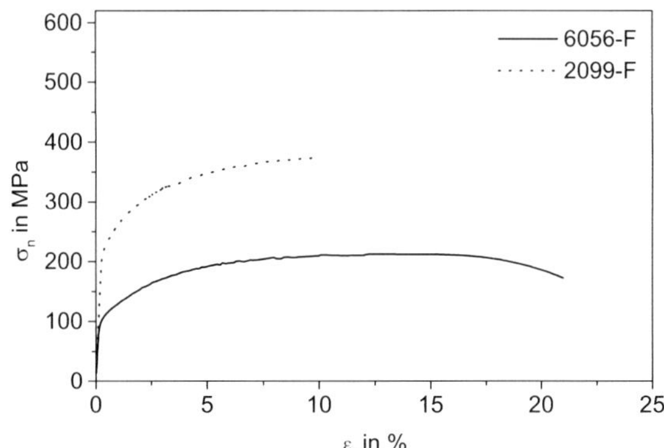

Bild 5-10: Zugverfestigungskurve von 6056-F und 2099-F

Die Legierung 6056-F zeigt ein duktileres Verformungsverhalten mit einem niedrigeren Spannungsniveau als die Matrixlegierung 2099-F. Darüber hinaus ist die Verfestigung bei der Legierung 2099-F stärker ausgeprägt, was sich in einem höheren Streckgrenzenverhältnis R_{eS}/R_m im Vergleich zu 6056-F äußert. Die mechanischen Kennwerte der beiden Matrixlegierungen im Zustand F sind in Tabelle 5-1 zusammengefasst.

Tabelle 5-1: Mechanische Kennwerte der Matrixlegierungen (Zustand F)

Legierung	E-Modul in GPa	Streckgrenze in MPa	Zugfestigkeit in MPa	Streckgrenzenverhältnis	Bruchtotaldehnung in %
6056-F	65	80	207	0,39	21,5
2099-F	70	183	362	0,51	10,5

5.2.1.4 Fraktografie

Bild 5-11 zeigt rasterelektronenmikroskopische Aufnahmen der Bruchfläche einer unverstärkten 6056-F-Zugprobe. In Bild 5-11 links ist deutlich die Einschnürung der Probe zu erkennen. Bild 5-11 rechts zeigt dagegen die Waben in der Bruchfläche bei Verwendung einer höheren Auflösung. Dies zeigt das duktile Versagen der Matrixlegierung 6056-F nach dem Strangpressen unter quasistatischer Beanspruchung.

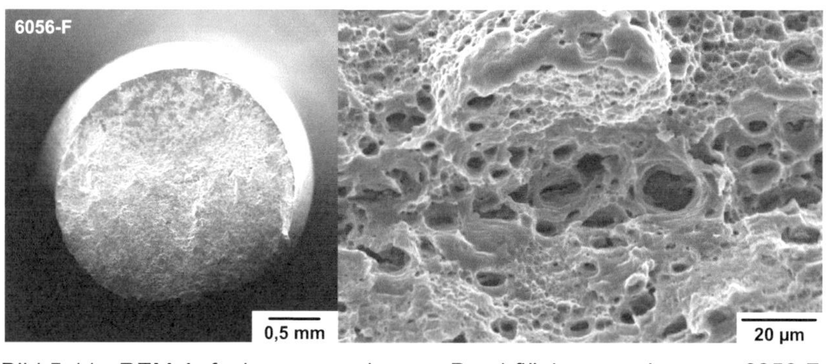

Bild 5-11: REM-Aufnahmen der Bruchfläche einer 6056-F-Zugversuchsprobe

Bei der Matrixlegierung 2099-F zeigt sich im Prinzip ein ähnliches Verhalten. Die Einschnürung ist jedoch weniger stark ausgeprägt und die Waben sind deutlich kleiner, was auf ein weniger duktiles Verformungsverhalten hinweist und sich somit mit den Beobachtungen aus den Zugversuchen deckt.

5.2.2. Verstärkungselemente

5.2.2.1 Metallografie

Die Mikrostruktur der Drahtwerkstoffe konnte weder mit dem Licht- noch mit dem Rasterelektronenmikroskop zufriedenstellend aufgelöst werden.

5.2.2.2 Mikrohärtemessungen

Die Ergebnisse der Mikrohärtemessungen an den Verstärkungselementwerkstoffen sowohl im Lieferzustand (Zustand L) als auch nach dem Strangpressen im Verbund (Zustand F) sind in Tabelle 5-2 zusammengefasst.

Tabelle 5-2: Ergebnisse der Mikrohärtemessungen im Drahtmaterial

Zustand	HV 0,1	Standardabweichung
Fe-L	420	20,17
Co-L	553	10,22
6056+Fe-F	675	11,23
6056+Co-F	696	16,23
2099+Fe-F	671	16,73
2099+Co-F	693	20,56

Im Lieferzustand zeigt der Co-L-Draht einen höheren Mikrohärtewert als der Co-L-Draht. Nach dem Strangpressprozess weisen die Verstärkungselemente deutliche höhere Härtewerte im Vergleich zum Lieferzustand auf. Dieser Effekt ist beim Fe-F-Draht deutlicher ausgeprägt. Die Mikrohärtewerte der Drahtwerkstoffe scheinen nicht von der verwendeten Matrixlegierung abzuhängen.

5.2.2.3 Zugversuche

In Bild 5-12 sind die Zugverfestigungskurven der Drahtwerkstoffe im Lieferzustand (Zustand L) dargestellt. Die Versuche wurden am freien Draht durchgeführt.
Es ist zu erkennen, dass sich das Verfestigungsverhalten bei ähnlichen Elastizitätsmoduln deutlich unterscheidet. So kommt es beim Fe-L-Draht zu einer späteren Plastifizierung jedoch zu einer geringeren Verfestigung, was in einer niedrigeren Zugfestigkeit resultiert. Darüber hinaus zeigt sich der Co-L-

Draht duktiler als der Fe-L-Draht. Die mechanischen Kennwerte der beiden Drahtwerkstoffe im Zustand L sind in Tabelle 5-3 aufgeführt.

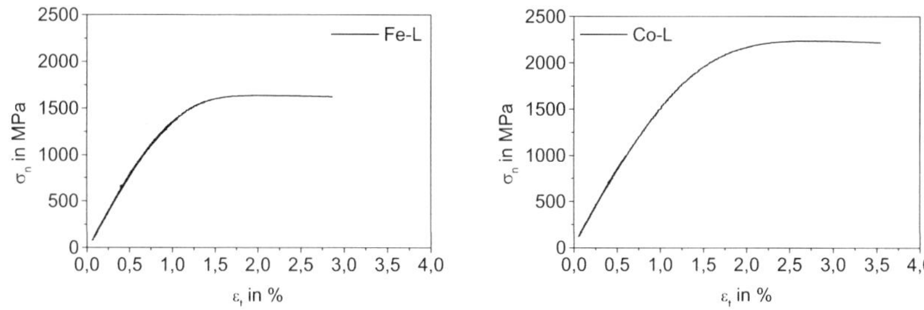

Bild 5-12: Zugverfestigungskurven Fe-L-Draht (links) und Co-L-Draht (rechts) im Lieferzustand vor dem Strangpressen (Zustand L)

Tabelle 5-3: Mechanische Kennwerte der Drahtwerkstoffe im Lieferzustand

Draht	E-Modul in GPa	Streckgrenze in MPa	Zugfestigkeit in MPa	Streckgrenzenverhältnis	Bruchtotaldehnung in %
Fe-L	212	834	1646	0,51	2,56
Co-L	221	688	2239	0,31	3,37

Im Folgenden werden die Drahtzugversuche an innerhalb der Messtrecke frei geätzten Proben vorgestellt, wie bereits in Kapitel 4.4.2 beschrieben. Die Zugverfestigungskurven der Drahtwerkstoffe im Zustand F zeigt Bild 5-13.

Im Vergleich zum Lieferzustand der Drähte zeigt sich eine deutliche Zunahme der Festigkeiten und eine Abnahme der Duktilität bei beiden Drahtwerkstoffen. Besonders die Streckgrenze der Drähte ist um den Faktor zwei erhöht. Die Zunahme der Zugfestigkeitswerte ist beim Fe-F-Draht deutlicher ausgeprägt. Die mechanischen Kennwerte der Drahtwerkstoffe im Zustand F sind in Tabelle 5-4 zusammengefasst.

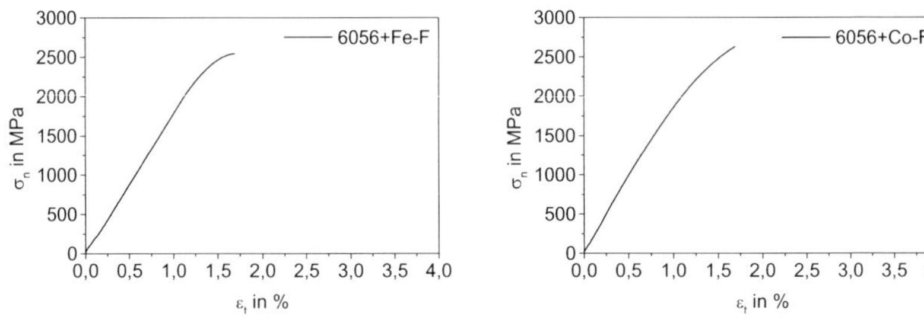

Bild 5-13: Zugverfestigungskurven Fe (6056+Fe-F) (links) und Co (6056+Co-F) (rechts) nach Entfernen der Matrix mittels Ätzen

Tabelle 5-4: Mechanische Kennwerte der Drahtwerkstoffe im Zustand F

Draht	E-Modul in GPa	Streckgrenze in MPa	Zugfestigkeit in MPa	Streckgrenzenverhältnis	Bruchtotaldehnung in %
Fe (6056+Fe-F)	179	1852	2509	0,74	1,41
Co (6056+Co-F)	195	1220	2587	0,47	1,42

5.2.2.4 Fraktografie

Die Ergebnisse der fraktografischen Untersuchungen an den Drahtwerkstoffen werden im Folgenden vorgestellt. In Bild 5-14 sind eine Makroskopaufnahme der Einschnürung (links) sowie eine REM-Aufnahme der Bruchfläche (rechts) eines Fe-L-Drahtes dargestellt. Es ist zu erkennen, dass es vor dem Bruch des Drahtes zu einer deutlichen Einschnürung kommt. Der Bruch verläuft teils unter 45° zur Normalspannungsrichtung, wie von einem duktilen Bruch zu erwarten. In der REM-Aufnahme (Bild 5-14 rechts) sind die Waben eines duktilen Bruchs sowie zwei Einschlüsse in der Drahtbruchfläche zu erkennen.

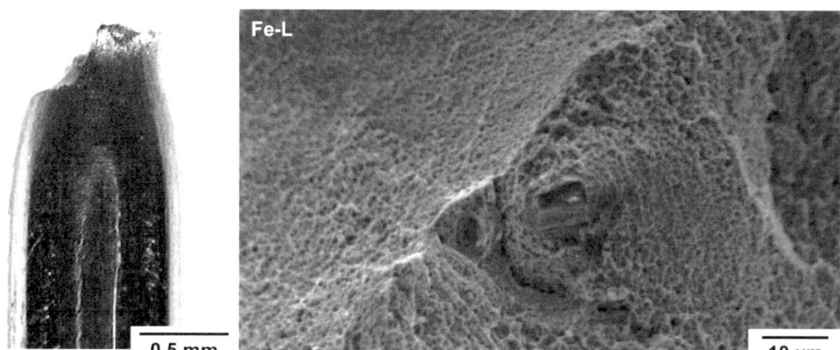

Bild 5-14: Makroskopaufnahme der Einschnürung (links) und REM-Aufnahme der Bruchfläche eines Fe-L-Drahtes

Eine Makroskopaufnahme der Einschnürung (links) sowie eine REM-Aufnahme der Bruchfläche (rechts) eines Co-Drahtes sind in Bild 5-15 dargestellt.

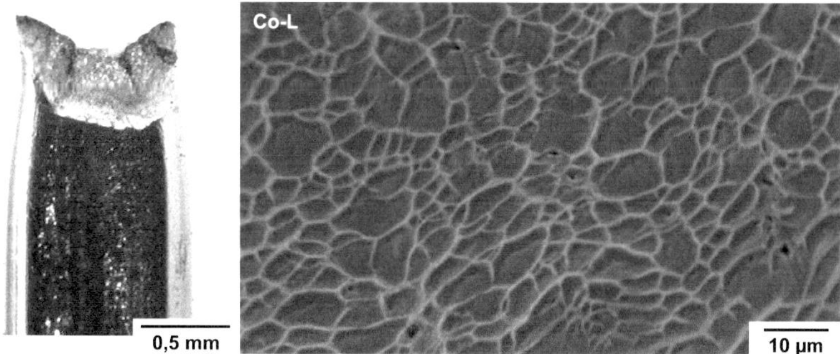

Bild 5-15: Makroskopaufnahme der Einschnürung (links) und REM-Aufnahme der Bruchfläche eines Co-L-Drahtes

Vor dem Bruch des Drahtes kommt es zu einer Einschnürung, welche jedoch weniger stark ausgeprägt ist als beim Fe-Draht. Die Bruchfläche weist nur scherspannungskontrollierte Bruchbereiche auf. In der REM-Aufnahme sind ebenfalls Waben eines duktilen Bruchs zu erkennen. Im Vergleich zum Fe-L-Draht sind diese jedoch viel größer, wobei sie flacher wirken.

5.2.3. Verbunde

5.2.3.1 Metallografie

Im Folgenden werden die metallografischen Untersuchungen an den Verbunden nach dem Strangpressen präsentiert. Bild 5-16 zeigt die beiden 6056-F-Verbunde. In beiden Schliffbildern ist eine sehr gute Einbettung der Verstärkungselemente zu erkennen. Es kommt nicht zur Bildung eines Spaltes zwischen Verstärkungselement und Matrix. Im Matrixmaterial sind auch im nicht geätzten Zustand Ausscheidungen zu erkennen.

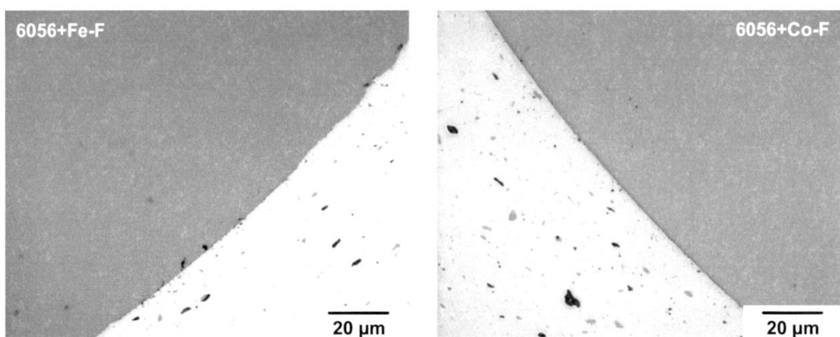

Bild 5-16: Metallografische Schliffe der 6056-F-Verbunde

Metallografische Schliffe der 2099-F-Verbunde sind in Bild 5-17 dargestellt. Im Gegensatz zu 6056-F scheint hier am gesamten Drahtumfang ein sehr geringer Spalt zwischen Verstärkungselementen und Matrixmaterial zu existieren.

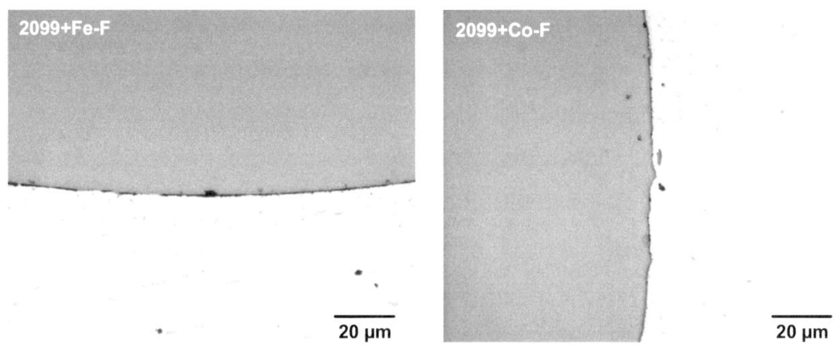

Bild 5-17: Metallografische Schliffe der 2099-F-Verbunde

Die Veränderung des Gefüges über den Querschnitt des Profils hinweg ist in Bild 5-18 links exemplarisch für den Verbund 6056+Fe-F gezeigt. Die Untersuchungen an den anderen Verbundkombinationen zeigen einen vergleichbaren Verlauf, weshalb hier nur ein Verbund vorgestellt wird.

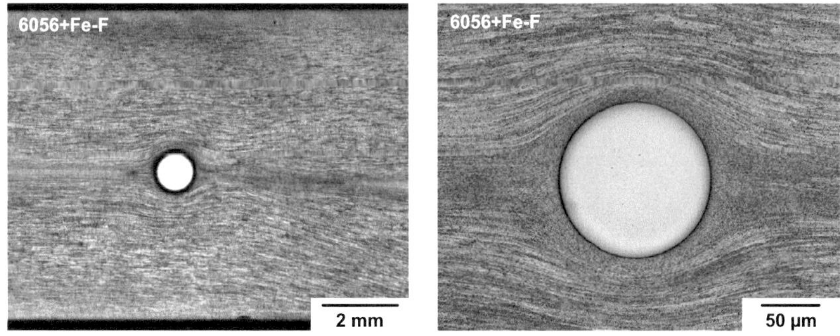

Bild 5-18: Gefüge 6056+Fe-F (geätzt), links: Übersicht über gesamte Profilhöhe, rechts: Fließlinien um das Verstärkungselement

An der Ober- und Unterseite des Profils, sowie in der Längspressnaht, ist ein feinkörnigeres Gefüge vorzufinden als in den Bereichen dazwischen. In der Längspressnaht selbst ist das Verstärkungselement eingebettet, und es ist zu erkennen, wie das Matrixmaterial um dieses herum geflossen ist (Bild

5-18, rechts). Die feinkörnigen Gefügebestandteile sind mit der stärkeren plastischen Deformation in diesen Bereichen und der daraus resultierenden Rekristallisation zu begründen.

Bild 5-19 zeigt den Längsschliff einer Probe nach dem Zugversuch. Es sind die Mehrfacheinschnürung des Drahtes sowie die Bruchfläche (ganz links) zu erkennen. In den Bereichen der Drahteinschnürung ist der Matrixquerschnitt ebenfalls deutlich reduziert und es kommt nicht zu einer Ablösung zwischen Draht und Matrix.

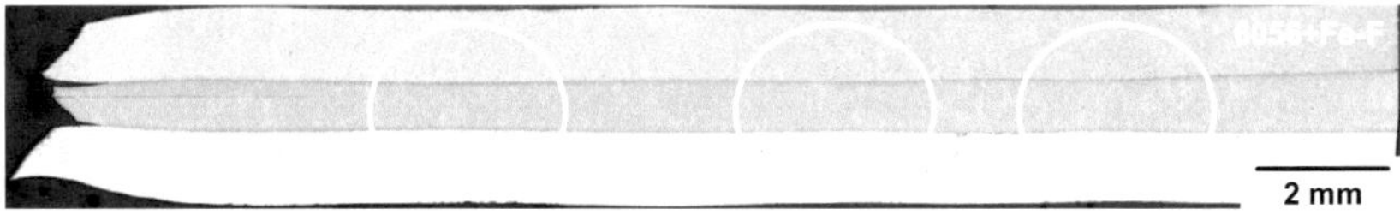

Bild 5-19: Mehrfacheinschnürung im Längsschliff einer 6056+Fe-F-Probe nach dem Zugversuch

In Bild 5-20 ist der Längsschliff einer 2099+Fe-F-Probe nach dem Zugversuch zu erkennen. Auch hier tritt, wie schon bei 6056+Fe-F, die Mehrfacheinschnürung des Verstärkungselements auf. Im Gegensatz zu oben ist jedoch eine deutliche Ablösung der Grenzfläche im Bereich der Einschnürungen festzustellen und der Matrixquerschnitt ist in diesem Bereich kaum reduziert.

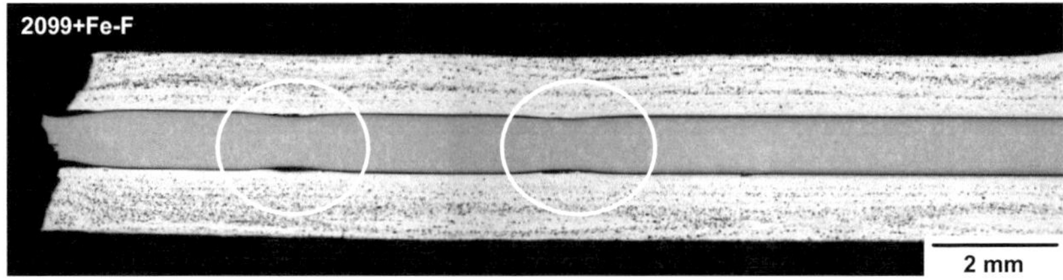

Bild 5-20: Mehrfacheinschnürung im Längsschliff einer 2099+Fe-F-Probe nach dem Zugversuch

5.2.3.2 Zugversuche

In Bild 5-21 sind die Zugverfestigungskurven der 6056-F-Verbunde sowie zum Vergleich die Zugverfestigungskurve der unverstärkten 6056-F-Matrix dargestellt. Die mechanischen Festigkeitswerte der beiden Verbundvarianten sind hierbei sehr ähnlich (siehe Tabelle 5-5). Sehr unterschiedlich zeigen sich die Verbunde bei der Totaldehnung bei Bruch des Verstärkungselements, welche beim Verbund 6056+Fe-F deutlich, auch gegenüber der Erwartung aus den Drahtzugversuchen, erhöht ist. Darüber hinaus kommt es vor dem Einschnüren des Verbundes zu einem Plateau mit nahezu konstantem Spannungsniveau. Nach Versagen des Verstärkungselements ist in beiden Verbunden ein Versagen des Restquerschnittes der Matrix bis hin zum Probenbruch zu beobachten, was auf einem Spannungsniveau unterhalb dessen der unverstärkten Matrix stattfindet. Dies kann durch den verkleinerten Restquerschnitt der Probe nach Bruch des Verstärkungselements erklärt werden.

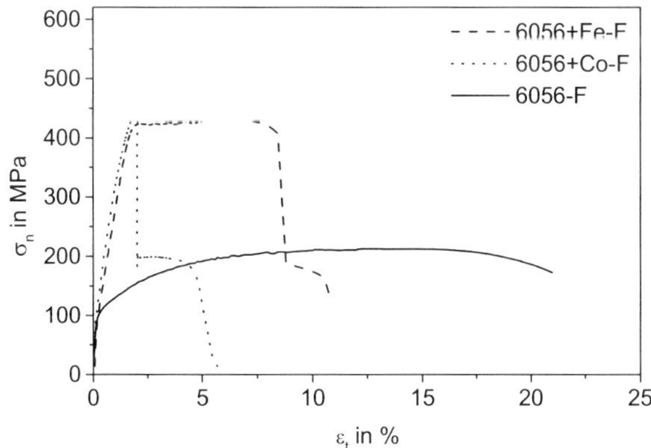

Bild 5-21: Zugverfestigungskurven der 6056-F-Verbunde

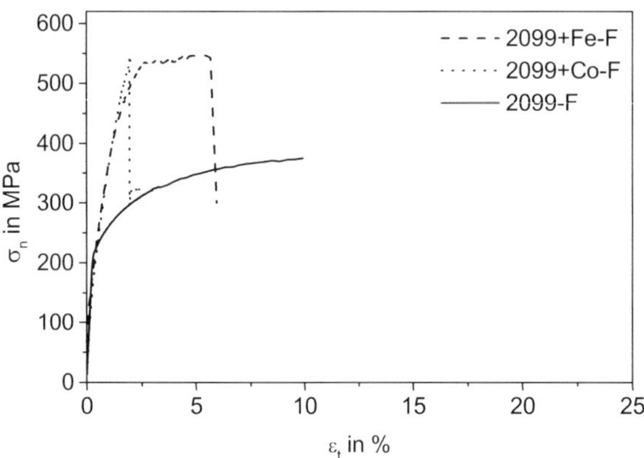

Bild 5-22: Zugverfestigungskurven der 2099-F-Verbunde

Die in Bild 5-22 dargestellten 2099-F-Verbunde zeigen im Prinzip ein ähnliches Verhalten. Es fällt jedoch auf, dass die Festigkeitswerte im Vergleich zu den 6056-F-Verbunden erhöht sind (siehe auch Tabelle 5-5). Die Totaldehnung bei Bruch des Verstärkungselements ist im Falle des Co-Drahtes vergleichbar. Beim 2099+Fe-F-Verbund kommt es jedoch zu einer deutlichen Reduzierung im Vergleich zu 6056+Fe-F, was auf die weniger duktile 2099-F-Matrix zurückzuführen ist. Darüber hinaus ist das Plateau vor der Einschnürung des 6056+Fe-F-Verbundes durch einen leicht ansteigenden welligen Verlauf gekennzeichnet. Nach dem Bruch des Verstärkungselements kommt es hier nicht zu einer Einschnürung des Matrixmaterials, der Restquerschnitt der Probe versagt unmittelbar mit dem Verstärkungselement, was durch den Dehnungsaufnehmer nicht aufgezeichnet werden konnte. Beim Verbund 2099+Co-F ist dieser Effekt nicht zu beobachten, sondern der Verbund verhält sich ähnlich zu den 6056-F-Verbunden. Dabei ist die Dehnung bis zum Probenbruch, welche durch die Matrix aufgenommen wird, deutlich reduziert. Das Versagen des Restquerschnittes der Probe findet auf einem höheren Spannungsniveau statt als durch die unverstärkte Probe zu erwarten wäre. Dies kann durch die gesteigerte plastische Verformung im Bereich der Einschnürung erklärt werden, welche zu einer deutlichen Verfestigung der Matrix im Restquerschnitt führt. Die mechanischen Kennwerte der in Bild 5-21 und Bild 5-22 vorgestellten Verbunde sind in Tabelle 5-5 zusammengefasst.

Tabelle 5-5: Mechanische Kennwerte der Verbunde im Zustand F

Verbund	E-Modul in GPa	Streckgrenze in MPa	Zugfestigkeit in MPa	Streckgrenzenverhältnis	Totaldehnung Drahtbruch in %
6056+Fe-F	73	87	427	0,20	8,4
6056+Co-F	75	84	428	0,20	2,0
2099+Fe-F	77	106	562	0,19	6,2
2099+Co-F	75	102	550	0,19	2,0

In Bild 5-23 ist der Verlauf der Dehnung an der Probenoberfläche in axialer Richtung, gemessen mit optischer Dehnungsmessung, dargestellt. Rechts im Bild ist die Skala der Dehnungswerte abgebildet, welche von 0 % bis 11 % in 32 Schritte unterteilt ist. Die Totaldehnung zum Zeitpunkt der jeweiligen Aufnahme ist ebenfalls im Bild kenntlich gemacht (vgl. Bild 5-21).

Bis zum Erreichen des Spannungsplateaus (vgl. Bild 5-21) wird die Probe homogen gedehnt (vgl. Bild 5-23, A). Anschließend kommt es bei 4,06 % Totaldehnung zu einer ersten Einschnürung in der Matrix, wie an der lokalen Zunahme der Dehnung im oberen Teil von Bild 5-23 B durch die grünliche Verfärbung zu erkennen ist. Im weiteren Verlauf der Beanspruchung tritt unterhalb der ersten eine weitere Einschnürung in der Matrix auf (Bild 5-23, C). Beide Einschnürungen existieren fortan nebeneinander und die Dehnung im Matrixmaterial an diesen beiden Einschnürungen nimmt weiter zu (vgl. Bild 5-23, D+E). Nach dem Probenbruch kommt es durch die Entlastung der Probe zur Abnahme der Dehnungen, da der elastische Anteil zurück geht (vgl. Bild 5-23, F).

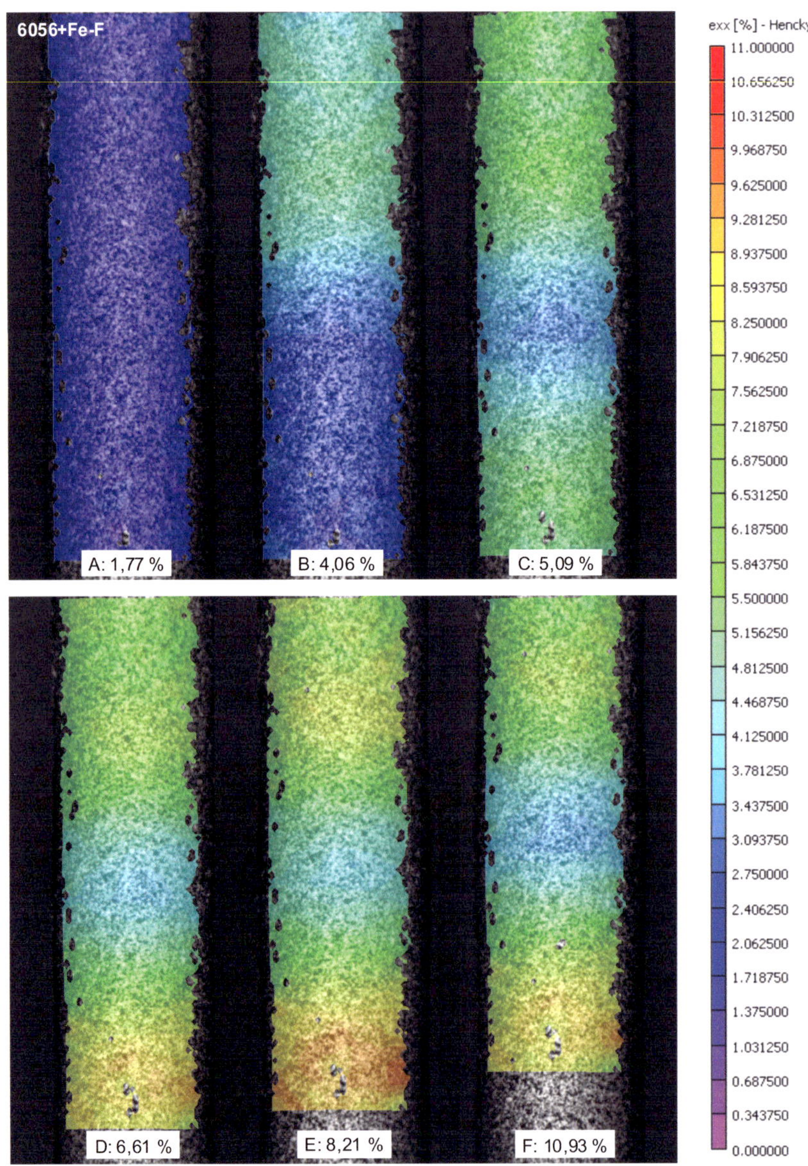

Bild 5-23: Optische Dehnungsmessung (axial) an einer 6056+Fe-F-Probe

Darüber hinaus ist zu bemerken, dass die Probe an einer weiteren Einschnürung außerhalb des hier untersuchten Bereichs der Messtrecke gebrochen ist. Die Stelle des Probenbruchs, also die der Einschnürung, welche zum Bruch führte, sowie der mittels optischer Dehnungsmessung untersuchte Bereich sind zur Verdeutlichung in Bild 5-24 dargestellt.

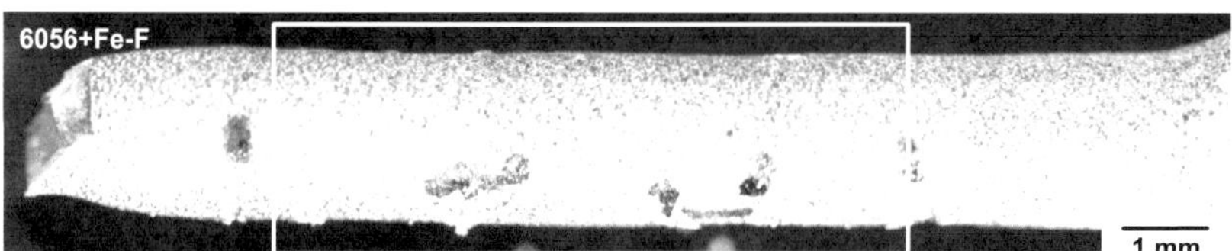

Bild 5-24: Makroskopaufnahme der in Bild 5-23 untersuchten 6056+Fe-F-Probe nach dem Probenbruch (ganz links); markiert: Mittels optischer Dehnungsmessung untersuchter Bereich der Messstrecke

5.2.3.3 Fraktografie

Im Folgenden werden die fraktografischen Untersuchungen an Bruchflächen der Verbundproben nach dem Strangpressen erläutert. Bild 5-25 zeigt die REM-Aufnahmen einer 6056+Fe-F-Probe.

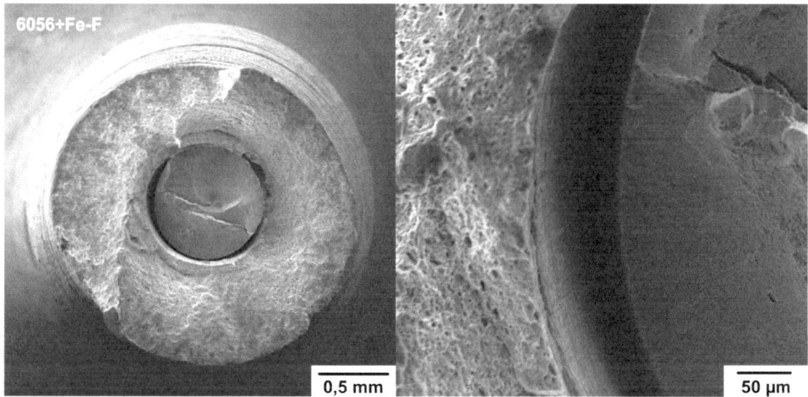

Bild 5-25: REM-Aufnahmen der Bruchfläche einer 6056+Fe-F-Zugprobe

In Bild 5-25 links ist zu erkennen, dass es zu einer deutlichen Einschnürung der Aluminiummatrix kommt. Diese tritt zum einen außen an der Probenoberfläche, zum anderen an der Grenzfläche zum Verstärkungselement auf (siehe Bild 5-25 rechts). Das Verstärkungselement zeigt eine deutlich geringere Einschnürung als im Drahtzugversuch. Zwischen Matrix und Verstärkungselement kommt es zu einer deutlichen Ablösung (Bild 5-25 rechts).

Bild 5-26 zeigt die fraktografischen Untersuchungen an einer 6056+Co-F-Probe.

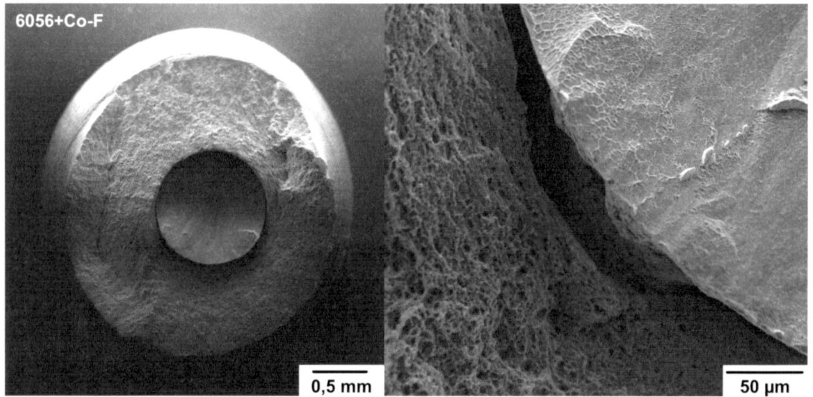

Bild 5-26: REM-Aufnahmen der Bruchfläche einer 6056+Co-F-Zugprobe

Im Vergleich zur 6056+Fe-F-Probe zeigt die Matrix bei der Probe 6056+Co-F eine ähnliche Einschnürung. Das Verstärkungselement scheint hier nicht einzuschnüren. In dem auftretenden Spalt zwischen Matrix und Draht, welcher weniger stark ausgeprägt ist als bei 6056+Fe-F, konnte am Verstärkungselement Aluminium mittels EDX-Analyse nachgewiesen werden, was für eine sehr starke Bindung zwischen Draht und Matrix in diesem Verbund spricht (Bild 5-28 links). Auf der Drahtbruchfläche sind die Bruchwaben zu erkennen, wie schon beim Co-L-Draht, was auf ein mikroskopisch duktiles Versagensverhalten hinweist.

In Bild 5-27 sind die fraktografischen Aufnahmen einer 2099+Fe-F-Probe dargestellt. Verglichen mit den Aufnahmen der 6056-F-Verbunde kommt es zu einer deutlich geringeren Einschnürung der Matrix. Das Verstärkungselement schnürt deutlich ein und es kommt zur Ablösung der Grenzfläche.

Bild 5-27: REM-Aufnahmen der Bruchfläche einer 2099+Fe-F-Zugprobe

Auf dem Draht konnte mittels EDX-Analyse Aluminium nachgewiesen werden (siehe Bild 5-28 rechts), was nicht für ein Versagen in der Grenzfläche selbst, sondern im benachbarten Aluminium spricht.

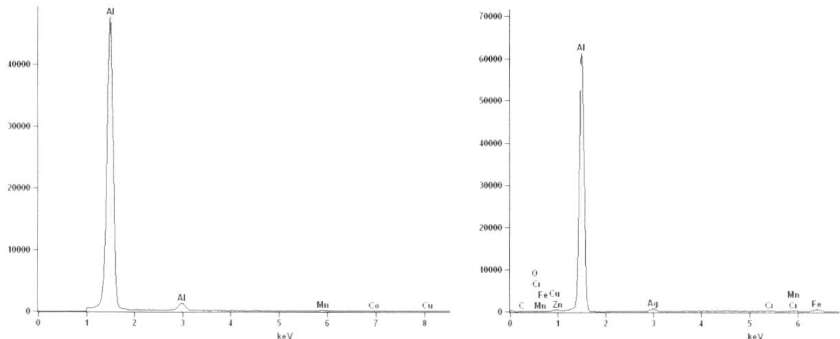

Bild 5-28: EDX-Analysen der Aluminiumrückstände am Draht (links: 6056+Co-F, rechts: 2099+Fe-F)

Bild 5-29 zeigt die fraktografische Aufnahmen einer 2099+Co-F-Probe. Zu erkennen ist hier, dass weder die Matrix noch das Verstärkungselement deutlich einschnüren. Es bildet sich jedoch ein Spalt an der Grenzfläche, der kleiner ausfällt als bei den anderen Verbunden im Zustand F.

Bild 5-29: REM-Aufnahmen der Bruchfläche einer 2099+Co-F-Zugprobe

5.2.3.4 Eigenspannungsmessungen

Im Rahmen von Voruntersuchungen wurden an einer unverstärkten Zugprobe, welche mit Aluminiumfolie umwickelt war, Eigenspannungen gemessen, um die Beeinflussung der Messergebnisse durch die zylindrische Probenform zu berücksichtigen. Wie in Tabelle 5-6 aufgeführt, kommt es durch diese Geometrie zu scheinbaren Zugeigenspannungen von 29,31 MPa in axialer Richtung und 6,65 MPa in tangentialer Richtung. Diese Spannungsbeträge werden bei den folgenden Untersuchungen berücksichtigt, indem sie abgezogen werden.

Zudem wurden ebenfalls als Voruntersuchungen an unverstärkten Zugproben der Matrixlegierung 2099-F Eigenspannungen an der Oberfläche gemessen, um den Einfluss des Drehprozesses zu erfassen. Hierbei zeigte sich, wie in Tabelle 5-6 dargestellt, dass nach dem Drehen leichte Druckeigenspannungen in beide Richtungen an der Probenoberfläche in der Messstrecke gemessen wurden. Werden die gemessenen Werte um den Einfluss der geometrischen Abweichung korrigiert, ergeben sich die in Tabelle 5-6 unter 2099*-F aufgeführten Werte. So werden durch den Drehprozess zur Probenpräparation Druckeigenspannungen von ca. 40 MPa in axialer bzw. 30 MPa in tangentialer Richtung erzeugt, welche bei der Bewertung der Eigenspannungsmessungen an verstärkten beanspruchten Proben im Folgenden berücksichtigt werden müssen.

Tabelle 5-6: Voruntersuchungen zur Eigenspannungsmessung (Einfluss zylindrische Probengeometrie und Dreheigenspannungen)

Legierung	Eigenspannungen axial in MPa (Standardabweichung in MPa)	Eigenspannungen tangential in MPa (Standardabweichung in MPa)
Alu-Folie	29,31 (2,25)	6,65 (6,8)
2099-F	-7,79 (2,1)	-21,09 (4,45)
2099*-F	-37,1	-27,74

Im Folgenden werden die Messergebnisse an Längsschliffen und an gebrochenen Proben vorgestellt. Wie oben beschrieben, handelt es sich bei den dargestellten Messergebnissen um bereits korrigierte Werte. In Tabelle 5-7 sind die Ergebnisse der Eigenspannungsmessungen an den Drähten innerhalb der Verbunde 6056+Co-F und 2099+Fe-F aufgeführt. Es ist zu erkennen, dass es auf Grund der unterschiedlichen thermischen Ausdehnungskoeffizienten erwartungsgemäß zu hohen axialen Druckeigenspannungen in den Drähten kommt. Die Eigenspannungen in radialer Richtung konnten beim Co-Draht auf Grund der vorliegenden Textur nicht gemessen werden. Beim Fe-Draht scheint eine deutliche Zugeigenspannung in radialer Richtung vorzuliegen. Da diese Messwerte an Längsschliffen gemessen wurden und es bei der Präparation zu Spannungsumlagerungen zwischen Verstärkungselement und Matrix kommt, können hier nur die Richtungen der Spannungen, nicht jedoch ihre Absolutwerte betrachtet werden.

Tabelle 5-7: Ergebnisse der Eigenspannungsmessungen innerhalb des Drahtes im Längsschliff der Verbunde

Schliff	Eigenspannungen axial in MPa (Standardabweichung in MPa)	Eigenspannungen radial in MPa (Standardabweichung in MPa)
6056+Co-F	-664 (72)	-
2099+Fe-F	-772 (19)	540 (18)

Eigenspannungsmessungen in der Matrix wurden auch nach dem Zugversuch an der Oberfläche einer gebrochenen Probe durchgeführt. Die Eigenspannungsverläufe in axialer und tangentialer Richtung sind in Bild 5-30 dargestellt. Im Bild ist ebenfalls die Probenoberfläche zusammen mit dem Dehnungsfeld aus der optischen Dehnungsmessung nach dem Probenbruch abgebildet, um die Position der Eigenspannungsmessungen zu verdeutlichen. Die Lage des Bereichs der optischen Dehnungsmessung auf der Probenoberfläche innerhalb der Messstrecke zeigt Bild 5-24.

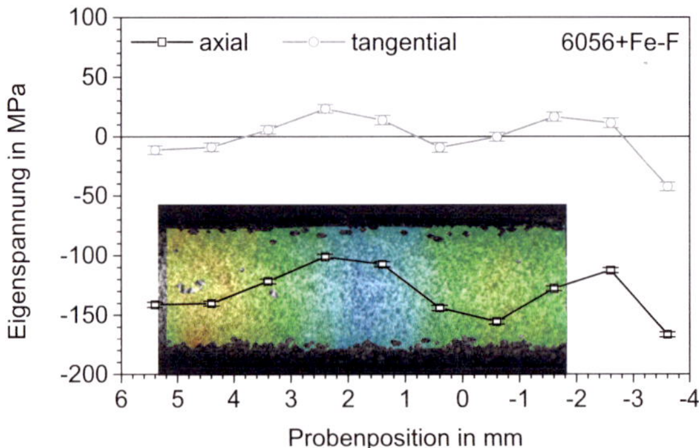

Bild 5-30: Axialer und tangentialer Eigenspannungsverlauf auf der Oberfläche einer 6056+Fe-F-Zugprobe nach Probenbruch

Sowohl der Verlauf der axialen als auch der tangentialen Eigenspannungen lassen die Einschnürungen erkennen. Es kommt nach dem Probenbruch durch die Rückfederung des steiferen Verstärkungselements zu einer elastischen Rückverformung der Matrix in axialer Richtung, wodurch Druckeigenspannungen entstehen, welche im Bereich der Einschnürung betragsmäßig höher sind. In Umfangsrichtung bei den tangentialen Eigenspannungen ist derselbe Effekt zu erkennen.

5.2.3.5 Push-Out-Versuche

Die Debondingscherfestigkeiten der verschiedenen Verbundkombinationen im Zustand F sind in Tabelle 5-8 zusammengefasst.
Aus den Werten in Tabelle 5-8 lassen sich keine eindeutigen Aussagen bezüglich eines Einflusses der Verstärkungselement- oder Matrixwerkstoffe auf die Debondingscherfestigkeiten ziehen. Weder bedingt eines der Verstärkungselemente jeweils eine höhere Grenzflächenscherfestigkeit, noch eine der beiden Aluminiumlegierungen.

Tabelle 5-8: Debondingscherfestigkeiten der Verbunde im Zustand F

Verbund	Debondingscherfestigkeit in MPa	Standardabweichung in MPa
6056+Fe-F	126	4,4
6056+Co-F	123	5,6
2099+Fe-F	100	4,9
2099+Co-F	128	5,4

Aus diesem Grund wurde das Versagensverhalten der Verbunde beim Push-Out-Versuch mittels metallografischer Längsschliffe von abgebrochenen Push-Out-Proben untersucht (siehe Bild 5-31).

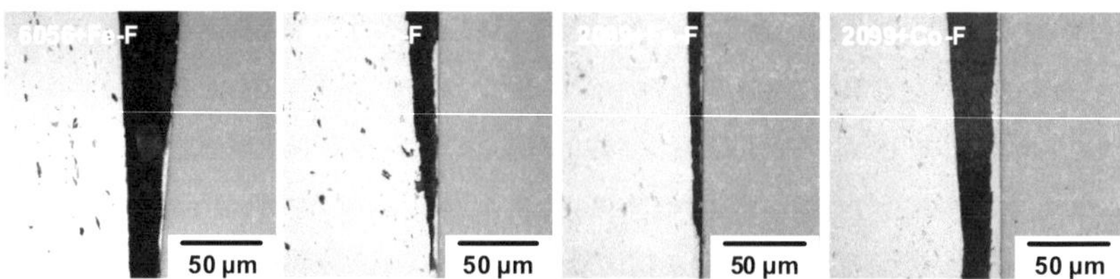

Bild 5-31: Längsschliffe nach abgebrochenen Push-Out-Versuchen

Es ist zu erkennen, dass es in allen Fällen zu deutlichen Anhaftungen von Aluminium an der Drahtoberfläche kommt. Am wenigsten ist dies beim Verbund 2099+Fe-F zu beobachten, welcher auch die geringste Debondingscherfestigkeit aufweist. Bei der Kombination 2099+Co-F scheint das Versagen ausschließlich im Aluminium zu erfolgen, wodurch die höchste Debondingscherfestigkeit zu erklären ist. Die beiden Verbunde mit 6056-Matrix zeigen ein vergleichbares Versagensverhalten und auch sehr ähnliche Debondingscherfestigkeiten. Bild 5-32 zeigt REM-Aufnahmen der Unterseiten von Push-Out-Proben nach dem Versuch. Zu erkennen sind das herausgedrückte Verstärkungselement und die Matrix, welche sich teilweise aufgewölbt hat.

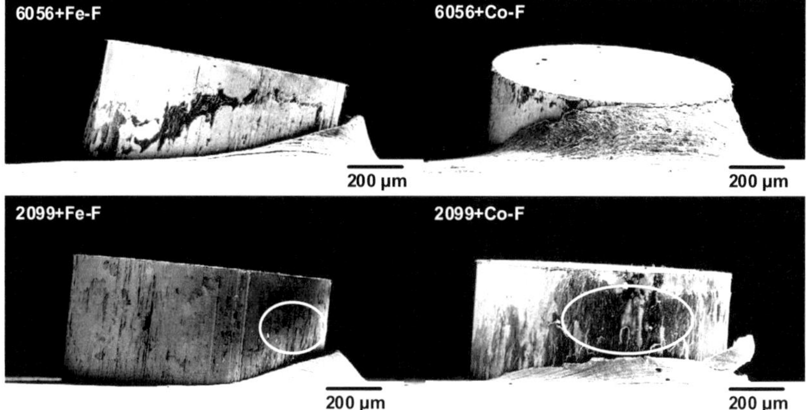

Bild 5-32: REM-Aufnahmen der Push-Out-Proben, Zustand F

Bei allen Verbunden im Zustand F kommt es zu einem Aufwölben des Matrixmaterials, was für eine starke Bindung zwischen Matrix und Verstärkungselement spricht. Zusätzlich dazu wurden Matrixanhaftungen an den Verstärkungselementen nachgewiesen (Markierungen in Bild 5-32). Auch dies lässt auf eine sehr gute Bindung zwischen Matrix und Verstärkungselement schließen.

5.3. Werkstoffzustände zwischen einzelnen Prozessschritten

In diesem Abschnitt werden die Ergebnisse der Untersuchungen an den Wärmebehandlungszuständen T6 und T8 (vgl. Bild 5-33) innerhalb der Prozesskette aufgeführt und miteinander verglichen.

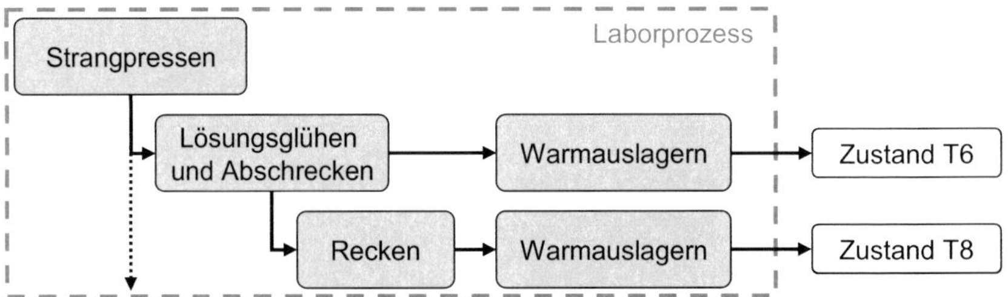

Bild 5-33: Der Laborprozess mit zugehörigen Werkstoffzuständen

5.3.1. Matrixmaterial

5.3.1.1 Metallografie

Im Folgenden werden die metallografischen Untersuchungen an den wärmebehandelten Matrixlegierungen vorgestellt. Bild 5-34 zeigt die geätzten Schliffe der 6056-T6-Matrix an den in Kapitel 4.1.1 vorgestellten Positionen.

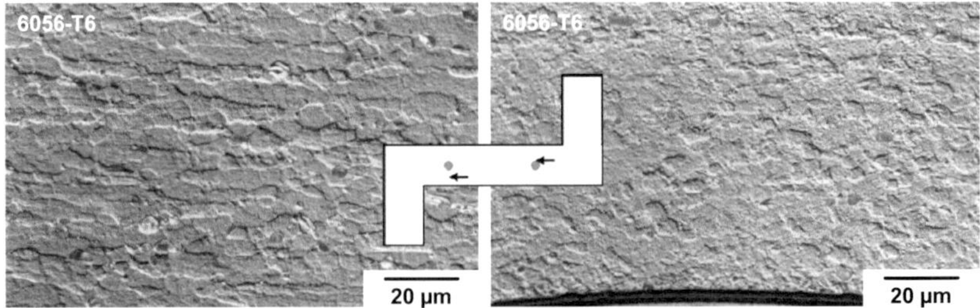

Bild 5-34: Geätzte metallografische Schliffe 6056-T6

Es ist zu erkennen, dass die Körner in der Nähe des Verstärkungselements kleiner und weniger lang gestreckt sind als in der Mitte des Profils, was auf eine Rekristallisation des Matrixmaterials im Bereich der Längspressnaht hinweist.

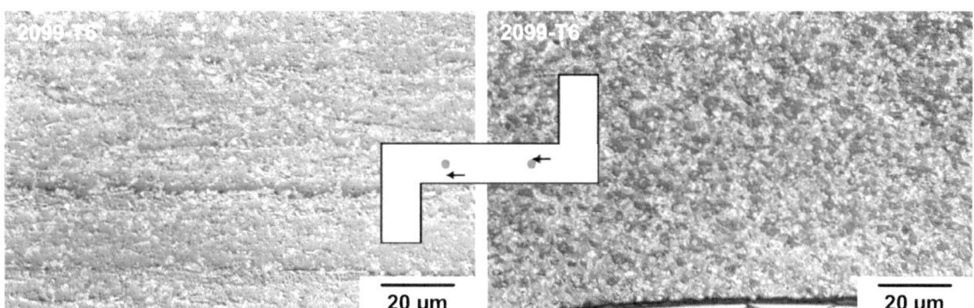

Bild 5-35: Geätzte metallografische Schliffe 2099-T6

In Bild 5-35 sind die geätzten Schliffe der Matrixlegierung 2099-T6 an denselben Positionen wie in Bild 5-34 für 6056-T6 dargestellt. Auch hier erscheinen die Körner in der Nähe des Verstärkungselements deutlich kleiner als in der Mitte des Profils.

Bild 5-36 zeigt die geätzten Schliffe der 6056-T8-Matrix.

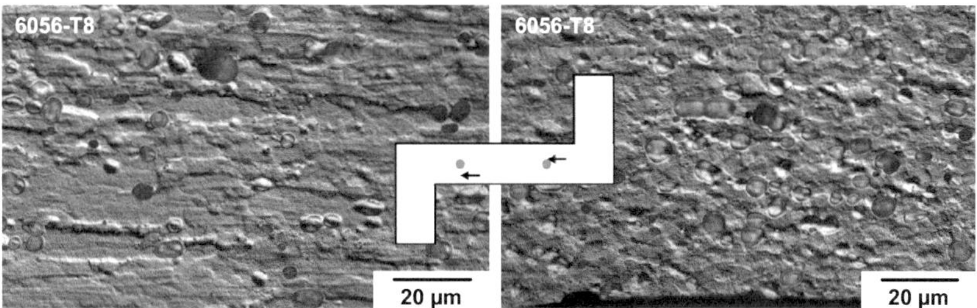

Bild 5-36: Geätzte metallografische Schliffe 6056-T8

Im Vergleich zum Zustand T6 erscheinen die Körner zwischen Verstärkungselement und Rand des Profils hier leicht vergrößert, was nicht auf das Recken zurückgeführt werden kann, da die Schliffe senkrecht zur Längsrichtung des Profils entnommen wurden.

In Bild 5-37 werden die geätzten Schliffe des Matrixmaterials 2099-T8 vorgestellt. Im Vergleich zum Zustand T6 scheinen die Körner in beiden Positionen ähnliche Größen zu haben, jedoch unterscheidet sich das Anätzverhalten deutlich.

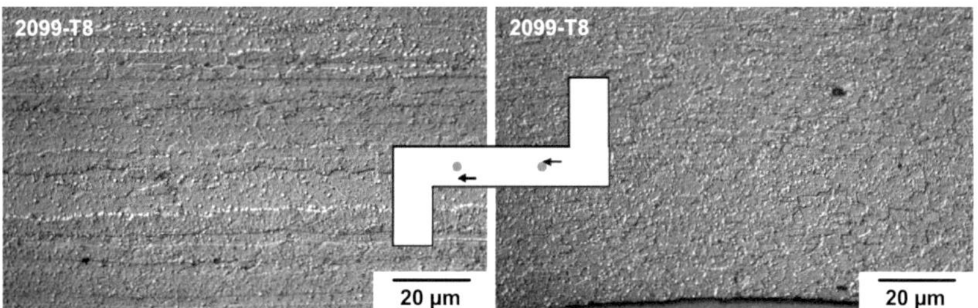

Bild 5-37: Geätzte metallografische Schliffe 2099-T8

5.3.1.2 Mikrohärtemessungen

Die Mikrohärtemessungen in metallografischen Schliffen der Matrixlegierungen ergaben einen Mittelwert von 141 ± 2,5 HV 0,1 für die 6056-T6-Matrix sowie einen Mittelwert von 152 ± 3,2 HV 0,1 für 2099-T6. Nach dem Reckprozess und anschließendem Warmauslagern konnten Mittelwerte von 130 ± 2,9 HV 0,1 für 6056-T8 und 160 ± 4,7 HV 0,1 für 2099-T8 gemessen werden. Es kann also festgestellt werden, dass sich im Falle von 2099 der Reckprozess durch eine geringe Härtesteigerung auswirkt. Bei 6056 kommt es durch das Recken im Zustand T8 zu einem Abfall der Mikrohärte im Vergleich zum Zustand T6.

5.3.1.3 Zugversuche

Die Verfestigungskurven der Zugversuche an unverstärkten Proben der Matrixlegierungen im Zustand T6 sind in Bild 5-38 aufgezeigt.

Im Gegensatz zur Legierung 2099-T6 zeigt die Legierung 6056-T6 ein duktileres Verformungsverhalten, welches speziell im Bereich der Einschnürdehnung deutlich zu erkennen ist. Das Streckgrenzenverhältnis R_{eS}/R_m ist bei 6056-T6 größer als bei 2099-T6, was bei 6056-T6 auf eine geringe Möglichkeit zur Kaltverfestigung hindeutet.

Die Zugverfestigungskurven der Matrixlegierungen im Zustand T8 zeigt Bild 5-39. Die Legierung 2099-T8 weist eine geringere Duktilität und eine höhere Festigkeit als 6056-T8 auf. Im Vergleich zum Zustand T6 besitzen beide Legierungen deutlich erhöhte Festigkeitskennwerte, wobei auch die Duktilität leicht erhöht ist.

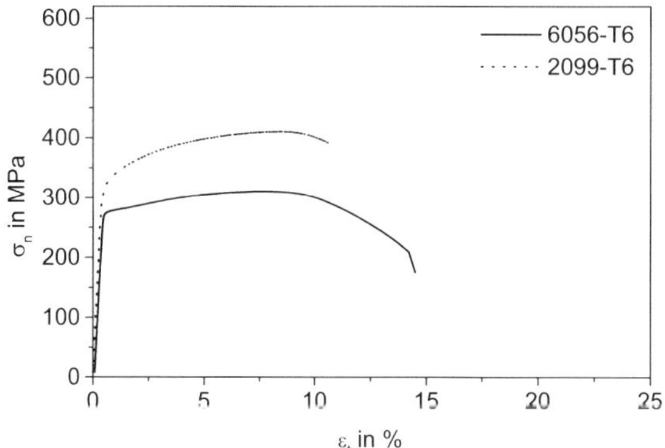

Bild 5-38: Zugverfestigungskurven von 6056-T6 und 2099-T6

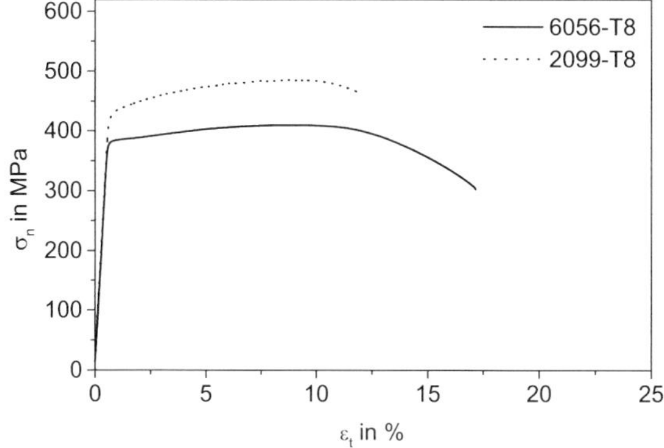

Bild 5-39: Zugverfestigungskurven von 6056-T8 und 2099-T8

Die mechanischen Kennwerte der Matrixlegierungen in den Zuständen T6 und T8 sind in Tabelle 5-9 gegenübergestellt.

Tabelle 5-9: Mechanische Kennwerte der Matrixlegierungen im Zustand T6 und T8

Legierung	E-Modul in GPa	Streck-grenze in MPa	Zugfestig-keit in MPa	Streck-grenzen-verhältnis	Bruchtotaldeh-nung in %
6056-T6	70	260	313	0,83	14,6
2099-T6	78	249	404	0,62	10,9
6056-T8	69	356	410	0,87	16,9
2099-T8	69	384	486	0,79	11,9

5.3.2. Verstärkungselemente

5.3.2.1 Metallografie

Die Mikrostruktur der Drähte konnte nicht zufriedenstellend mit Hilfe der Licht- oder Rasterelektronenmikroskopie untersucht werden.

5.3.2.2 Mikrohärtemessungen

Die Mikrohärtemessungen an den Drahtwerkstoffen in Abhängigkeit der Wärmebehandlung des jeweiligen Matrixmaterials sind in Tabelle 5-10 dargestellt. Auf Grund der unterschiedlichen Wärmebehandlungen der Matrixmaterialen kommt es beim Fe-Draht zu einer geringeren Härtesteigerung des Drahtes im Zustand T6 im Vergleich zum Zustand L in Verbindung mit der Wärmebehandlung für 6056-T6 als für 2099-T6. Beim Co-Draht ist dieser Effekt zu vernachlässigen.

An Einzeldrähten wurden keine Untersuchungen nach dem Recken durchgeführt, da es durch die Wärmebehandlung der Drähte analog zur Lösungsglühbehandlung der Matrixmaterialien zu einer starken Versprödung der

Drähte kam (vgl. Kapitel 5.3.2.3) und ein gezieltes plastisches Verformen der Drähte so nicht mehr möglich war. Deshalb ist der Zustand T8 hier nicht aufgeführt.

Die Mikrohärtemessungen an den Drahtwerkstoffen im Zustand T6 und T8 innerhalb der Verbunde sind in Tabelle 5-11 dargestellt.

Tabelle 5-10: Ergebnisse der Mikrohärtemessungen im Drahtmaterial (Zustand T6)

Draht	HV 0,1	Standardabweichung
Fe-T6 (6056)	594	17,12
Co-T6 (6056)	731	17,17
Fe-T6 (2099)	614	18,27
Co-T6 (2099)	729	28,27

Tabelle 5-11: Mikrohärtewerte der Drahtwerkstoffe im Verbund (Zustand T6 und T8)

Verbund	Komponente	HV 0,1	Standardabweichung
6056+Fe-T6	Fe	676	10,0
6056+Co-T6	Co	774	8,0
2099+Fe-T6	Fe	689	15,0
2099+Co-T6	Co	717	7,6
6056+Fe-T8	Fe	640	22,0
6056+Co-T8	Co	769	29,2
2099+Fe-T8	Fe	708	33,86
2099+Co-T8	Co	798	18,1

Im Falle der 6056-Matrix kommt es durch das Recken zu einem Mikrohärteabfall bei beiden Drahtwerkstoffen, beim Fe-Draht ist dieser Abfall ausgeprägter. Bei den in der 2099-Matrix eingebetteten Drähten tritt jedoch eine Mikrohärtesteigerung ein, was durch den höheren Reckgrad begründet werden kann. Beim Co-Draht im 6056-Verbund ist der größte Härteanstieg zu verzeichnen.

Der Vergleich des freien und des eingebetteten Drahtwerkstoffes im Zustand T6 zeigt höhere Mikrohärten für die Drahtwerkstoffe innerhalb der Verbunde. Dies spricht für eine Beeinflussung der mechanischen Eigenschaften der Drahtwerkstoffe durch den Strangpressprozess.

5.3.2.3 Zugversuche

An den Co-Drähten konnten nach der Wärmebehandlung keine Zugversuche durchgeführt werden, da die Drähte stark versprödet waren und noch im elastischen Bereich versagten. Darüber hinaus wurden keine Zugversuche an wärmebehandelten und gereckten Drähten durchgeführt (Zustand T8), da dieser Zustand zu weit vom Drahtzustand innerhalb des Verbundes entfernt ist. Im Folgenden werden die Drahtzugversuche an freigeätzten Proben (vgl. Kapitel 4.4.2) vorgestellt. Bild 5-40 zeigt die Drahtwerkstoffe im Zustand T6 nach dem Freiätzen.

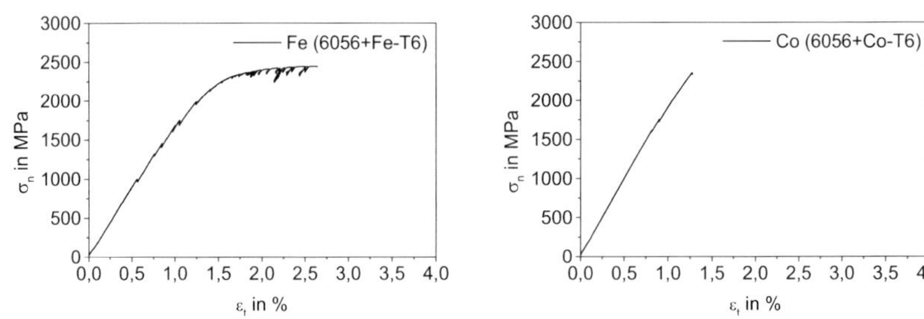

Bild 5-40: Zugverfestigungskurven Fe (6056+Fe-T6) (links) und Co (6056+Co-T6) (rechts) nach Entfernen der Matrix mittels Ätzen

Im Zustand T6 zeigt der Fe-Draht einen Verlauf, welcher durch das Abgleiten an der Grenzfläche im Probenkopf maßgeblich gekennzeichnet ist. Trotzdem kommt es zum Versagen des Drahtes innerhalb der Messstrecke, was auf ein Fressen zwischen Matrixmaterial an der Drahtoberfläche und Matrixmaterial im Probenkopf hinweist. Der Co-Draht zeigt ein sehr sprödes Verhalten im Zugversuch. Die Zugverfestigungskurven der Drahtwerkstoffe nach dem Freiätzen zeigt Bild 5-41.

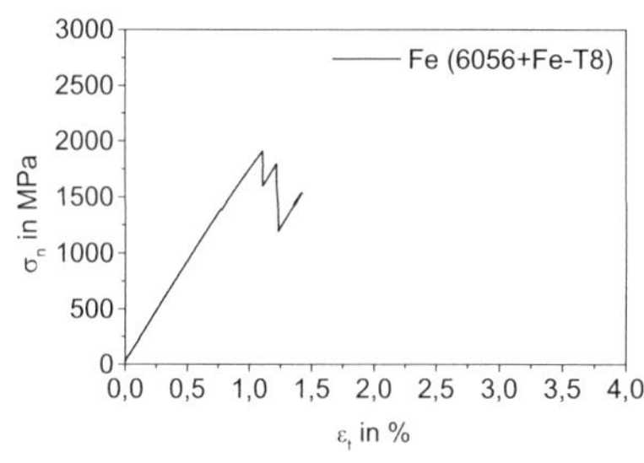

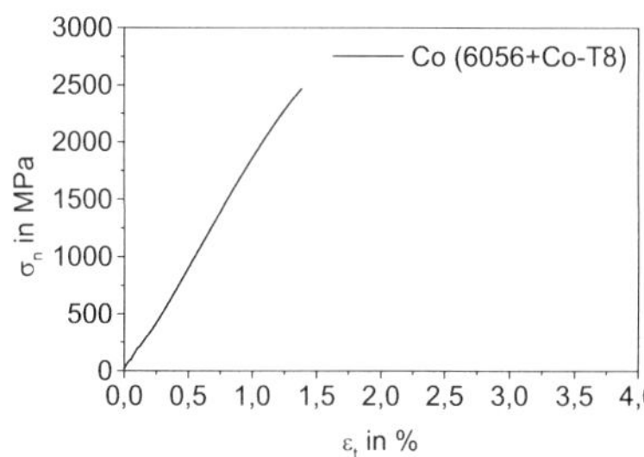

Bild 5-41: Zugverfestigungskurven Fe (6056+Fe-T8) (links) und Co (6056+Co-T8) (rechts) nach Entfernen der Matrix mittels Ätzen

Im Zustand T8 kommt es beim Fe-Draht zu einem Versagen in der Grenzfläche zwischen Probenkopf und Draht, was zu einem Pull-Out des Drahtes aus dem Probenkopf führt. Dies ist in Bild 5-41 links durch den mehrmaligen Abfall der Nennspannung zu erkennen. Aus diesem Grund wurde der Versuch abgebrochen und es ist die Angabe der Zugfestigkeit des Drahtes in diesem Zustand nicht möglich (vgl. Tabelle 5-12). Der Co-Draht zeigt im Zustand T8, wie bereits im Zustand T6, ein sehr verformungsarmes Verhalten.

In Tabelle 5-12 werden daher nur die Ergebnisse der Fe-Drahtzugversuche in Abhängigkeit der matrixspezifischen Wärmebehandlung im Zustand T6 aufgeführt, sowie Drahtzugversuchsergebnisse an frei geätzten 6056-Proben (vgl. Kapitel 4.4.2).

Es zeigt sich, dass die Wärmebehandlung der Legierung 2099 beim Fe-Draht zu höheren Festigkeitswerten führt als die Wärmebehandlung der Legierung 2099. Nach dem Freiätzen werden für den Fe Draht im Zustand T6 höhere Festigkeitswerte gemessen als am wärmebehandelten Draht. Der

Co-Draht verhält sich in beiden Zuständen spröde erreicht eine minimal höhere Festigkeiten im Zustand T8.

Tabelle 5-12: Mechanische Kennwerte der Drähte in Abhängigkeit der matrixspezifischen Wärmebehandlung

Draht	E-Modul in GPa	$R_{p0,2}$ in MPa	Zugfestigkeit in MPa	Bruchtotaldehnung in %
Fe-T6 (6056)	190	1930	2225	2,58
Fe-T6 (2099)	189	2025	2322	2,45
Fe (6056+Fe-T6)	185	2146	2450	2,70
Co (6056+Co-T6)	198	Draht spröde	2358	1,28
Fe (6056+Fe-T8)	177	-	Draht-Pull-Out	-
Co (6056+Co-T8)	196	Draht spröde	2469	1,38

5.3.3. Verbunde

5.3.3.1 Metallografie

In Bild 5-42 sind die metallografischen Schliffe der Verbundkombinationen im Zustand T6 zusammengestellt.

In allen Bildern ist ein Spalt zwischen Matrix und Verstärkungselement zu erkennen, welcher bei den Co-Draht verstärkten Verbunden leicht größer erscheint. Der Spalt ist in allen Fällen durchgängig im Schliff zu erkennen. Bei den Verbunden mit 2099-Matrix tritt eine Diffusionsschicht zwischen Draht und Matrix auf, welche bei 2099+Co-T6 deutlicher ausgeprägt ist.

Die metallografischen Schliffe der Verbunde im Zustand T8 zeigt Bild 5-43. Im Gegensatz zum Zustand T6 fällt hier der Spalt zwischen Verstärkungselement und Matrix deutlich kleiner aus oder tritt gar nicht auf (Co-Draht-Verbunde). Beide Co-Draht verstärkten Verbunde zeigen eine Diffusionsschicht zwischen Draht und Matrix, welche dicht erscheint und eine Dicke von ca. 1 µm aufweist. Bei den Verbunden mit Fe-Draht ist im Lichtmikroskop keine Diffusionsschicht zu erkennen.

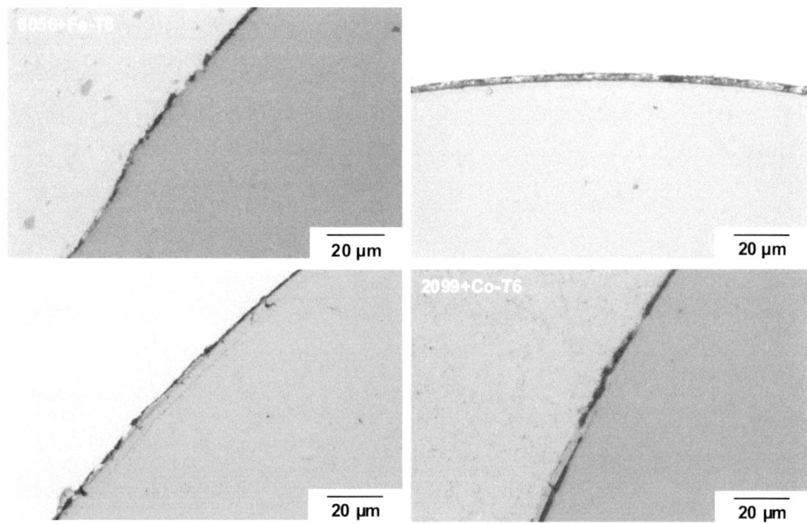

Bild 5-42: Metallografische Schliffe der Verbunde im Zustand T6

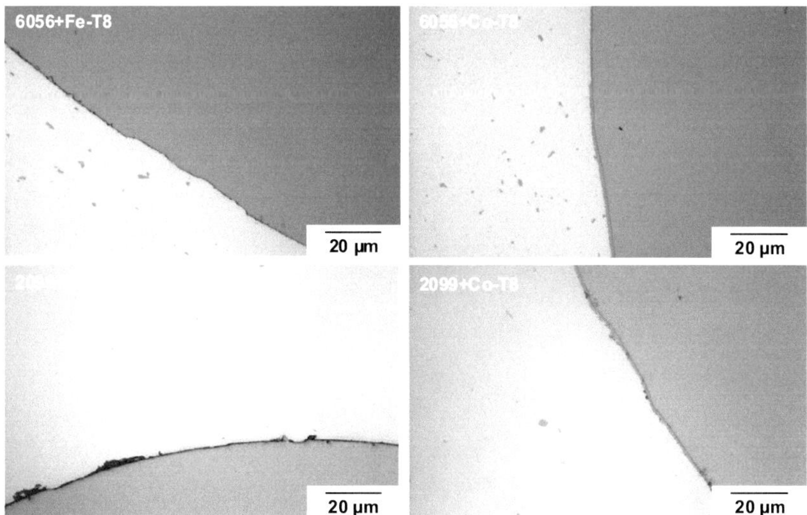

Bild 5-43: Metallografische Schliffe der Verbunde im Zustand T8

5.3.3.2 Zugversuche

Die Zugverfestigungskurven der Verbunde im Zustand T6 sind in Bild 5-44 und in Bild 5-45 dargestellt. Zum Vergleich ist die jeweilige Zugverfestigungskurve des Matrixmaterials ebenfalls gezeigt.

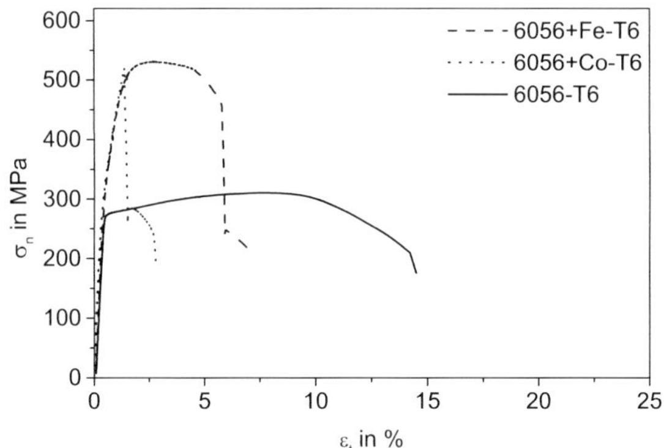

Bild 5-44: Zugverfestigungskurven der 6056-T6-Verbunde

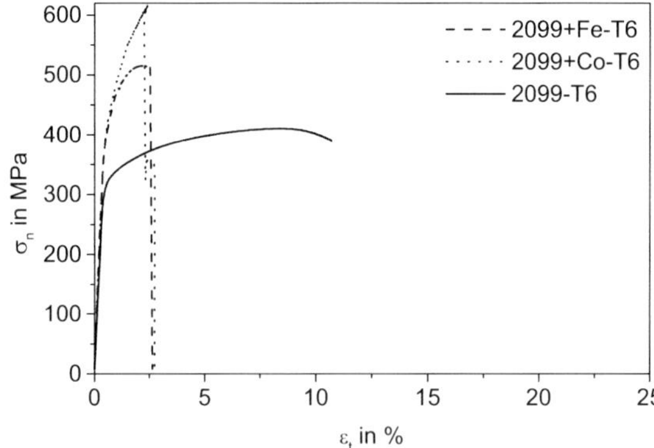

Bild 5-45: Zugverfestigungskurven der 2099-T6-Verbunde

Bei den Verbunden im Zustand T6 zeigt sich, dass durch die höhere Festigkeit und reduzierte Duktilität des Matrixmaterials die Verbunde direkt beein-

flusst werden. So kommt es bei beiden 6056-T6-Verbunden zu einer Reduzierung der Totaldehnung beim Bruch des Verstärkungselements sowie zu einer hohen Festigkeit. Die 2099-T6 Verbunde zeigen zum Teil das gleiche Verhalten (Bild 5-45). Der Verbund 2099+Co-T6 weist die höchste Festigkeit der hier vorgestellten Verbunde im Zustand T6 und zudem eine vergleichsweise hohe Totaldehnung beim Bruch des Verstärkungselements auf.
Die Verbunde im Zustand T8 sind in Bild 5-46 und Bild 5-47 dargestellt.

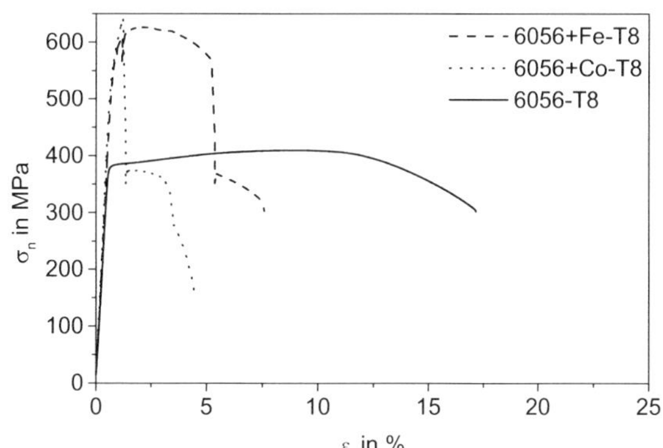

Bild 5-46: Zugverfestigungskurven der 6056-T8-Verbunde

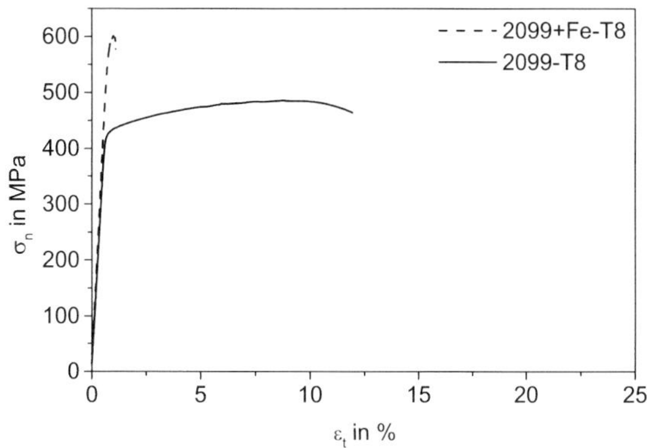

Bild 5-47: Zugverfestigungskurven der 2099+Fe-T8

Der Vergleich zum Zustand T6 zeigt, dass durch eine weitere Festigkeitszunahme der Matrix in beiden Fällen die Verbundfestigkeiten weiter gesteigert werden konnten. Die Bruchtotaldehnung bis zum Versagen des Verstärkungselements im Verbund 6056+Co-T8 ist reduziert gegenüber dem Zustand T6. Der Verbund 6056+Fe zeigt im Zustand T8 eine höhere Zugfestigkeit als im Zustand T6. Der Fe-Draht weist im Verbund 2099+Fe-T8 eine eingeschränkte Duktilität auf, was auch auf den bereits erheblichen Reckgrad zurückführbar scheint.

Versuche am Verbund 2099+Co-T8 wurden aus den bereits erwähnten Gründen nicht durchgeführt. Die mechanischen Kennwerte der vorgestellten Verbunde sind in Tabelle 5-13 zusammengefasst.

Tabelle 5-13: Mechanische Kennwerte der Verbunde im Zustand T6 und T8

Verbund	E-Modul in GPa	Streckgrenze in MPa	Zugfestigkeit in MPa	Streckgrenzenverhältnis	Totaldehnung Drahtbruch in %
6056+Fe-T6	77	236	523	0,45	5,0
6056+Co-T6	86	244	513	0,48	1,4
2099+Fe-T6	96	365	517	0,71	2,3
2099+Co-T6	93	331	581	0,57	2,3
6056+Fe-T8	80	311	626	0,50	5,3
6056+Co-T8	89	328	643	0,51	1,2
2099+Fe-T8	79	434	602	0,72	1,1

5.3.3.3 Push-Out-Versuche

Die gemessenen Debondingscherfestigkeiten der Verbunde im Zustand T6 und T8 sind in Tabelle 5-14 zusammengefasst.

Die 6056-T6-Matrixverbunde zeigen einen Einfluss der Drahtwerkstoffe. So kommt es bei den Fe-Verbunden zu höheren Debondingscherfestigkeiten als bei Co-Verbunden. Bei den 2099-T6-Verbunden ist dieser Effekt nicht zu beobachten, es sind geringere Debondingscherfestigkeiten als bei 6056-T6 festzustellen. Das Recken erhöht die Scherfestigkeiten aller Verbunde. 2099+Co-T8-Proben zeigen die höchste Grenzflächenscherfestigkeit.

Tabelle 5-14: Debondingscherfestigkeiten im Zustand T6 und T8

Verbund	Debondingscherfestigkeit in MPa	Standardabweichung in MPa
6056+Fe-T6	143	8,56
6056+Co-T6	77	12,27
2099+Fe-T6	21	7,23
2099+Co-T6	28	8,55
6056+Fe-T8	151	7,00
6056+Co-T8	167	7,66
2099+Fe-T8	47	6,05
2099+Co-T8	171	6,55

Bild 5-48 zeigt REM-Aufnahmen der Unterseiten von Push-Out-Proben nach dem Versuch im Zustand T6.

Bild 5-48: REM-Aufnahmen der Push-Out-Proben, Zustand T6

Passend zu den gemessenen Debondingscherfestigkeiten kommt es ausschließlich bei 6056+Fe-T6 zu einer Aufwerfung des Matrixmaterials und es können nur hier mittels EDX Matrixspuren am Draht nachgewiesen werden. Im Zustand T8 (vgl. Bild 5-49) kann diese Aufwerfung der Matrix bei allen Verbunden außer 2099+Fe-T8 beobachtet werden. Hier wurde auch die geringste Grenzflächenscherfestigkeit gemessen.

Bild 5-49: REM-Aufnahmen der Push-Out-Proben, Zustand T8

5.4. Werkstoffzustände am Ende der Prozesskette

In diesem Abschnitt werden die Ergebnisse nach der Prozesskette (Zustand T8I, vgl. Bild 5-50) vorgestellt.

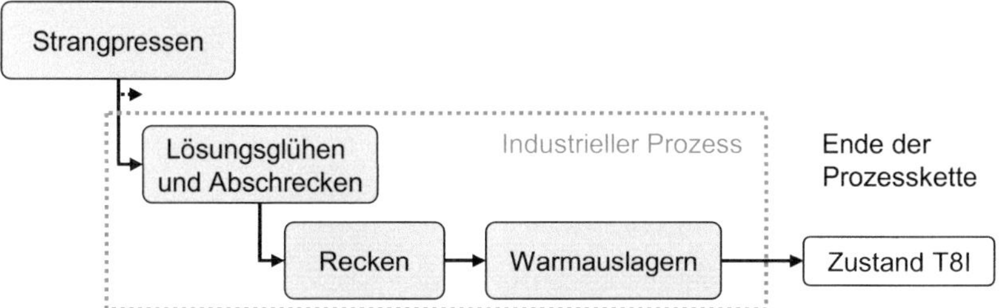

Bild 5-50: Der industrielle Prozess mit dem Ende der Prozesskette

5.4.1. Matrixmaterial

5.4.1.1 Metallografie

Im Folgenden werden Aufnahmen von geätzten metallografischen Schliffen der 6056-T8I-Matrix an zwei unterschiedlichen Positionen, wie in Kapitel 4.1.1 beschrieben, innerhalb des Profils vorgestellt (vgl. Bild 5-51).

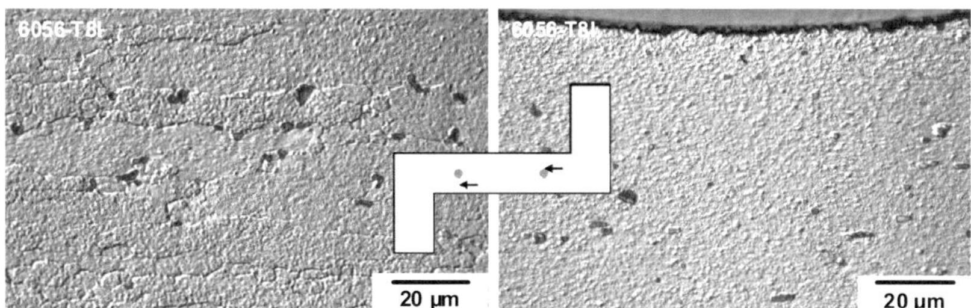

Bild 5-51: Geätztes Gefüge 6056-T8I

In beiden Fällen sind Ausscheidungen in der Matrixlegierung zu erkennen. Links in Bild 5-51 erscheinen die Körner recht groß und lang gestreckt in horizontaler Richtung. Rechts in Bild 5-51 sind keine einzelnen Körner zu differenzieren.

Bild 5-52 stellt geätzte Schliffe der Legierung 2099-T8I dar. Unabhängig von der Position innerhalb des Profils sind die Korngrenzen hier deutlich zu erkennen und die Korngrößen unterscheiden sich nicht signifikant voneinander. In der Nähe des Drahtes (Bild 5-52 rechts) scheinen die Körner leicht vergrößert zu sein.

Bild 5-52: Geätztes Gefüge 2099-T8I

5.4.1.2 Mikrohärtemessungen

Für die Matrixlegierungen wurde in metallografischen Schliffen ein Mittelwert für die Mikrohärte von 109 ± 1,6 HV 0,1 für 6056-T8I bzw. von 117 ± 3,2 HV 0,1 für 2099-T8I gemessen.

5.4.1.3 Zugversuche

Die Zugverfestigungskurven der beiden Matrixlegierungen Im Zustand T8I sind in Bild 5-53 abgebildet. Die Legierung 6056-T8I zeigt ein duktileres Verhalten als die Legierung 2099-T8I und zudem eine höhere Festigkeit. Das Streckgrenzenverhältnis R_{eS}/R_m der Legierungen im Zustand T8I ist gleich groß.

Die mechanischen Kennwerte der Matrixlegierungen im Zustand T8I sind Tabelle 5-15 zu entnehmen.

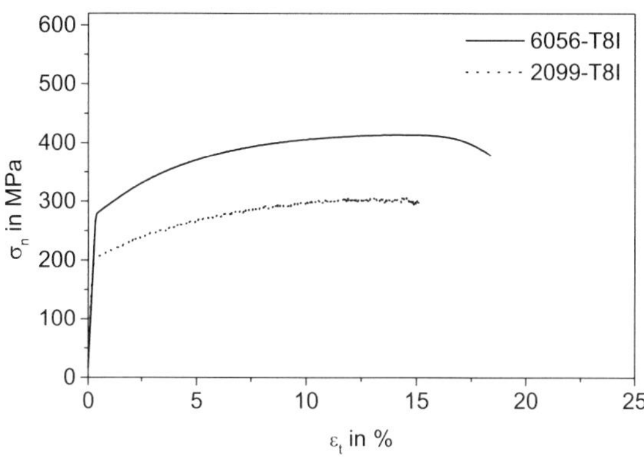

Bild 5-53: Zugverfestigungskurve 6056-T8I

Tabelle 5-15: Mechanische Kennwerte der Matrixlegierungen im Zustand T8I

Legierung	E-Modul in GPa	Streck-grenze in MPa	Zugfestigkeit in MPa	Streck-grenzen-verhältnis	Bruchtotal-dehnung in %
6056-T8I	74	272	411	0,66	22,8
2099-T8I	75	201	305	0,66	15,8

5.4.1.4 Ergebnisse der zyklischen Versuche

Im Zustand T8I wurden Ermüdungsversuche mit einem Lastverhältnis von R = -1 durchgeführt. Die Spannungswöhlerkurven für die Matrixlegierungen im Zustand T8I sind in Bild 5-54 abgebildet.

Die Lebensdauern der beiden Legierungen sind auf den untersuchten Lasthorizonten vergleichbar, wobei die Legierung 2099-T8I insbesondere bei geringen Spannungsamplituden eine leicht höhere Lebensdauer bzw. 10^7-Wechselfestigkeit erreicht. Als 10^7-Wechselfestigkeit wurden die Schnittpunkte zwischen den Ausgleichsgeraden und 10^7 Lastspielen definiert, welche in Tabelle 5-16 aufgeführt sind. Die Ausgleichsgeraden verlaufen für beide Legierungen nahezu parallel.

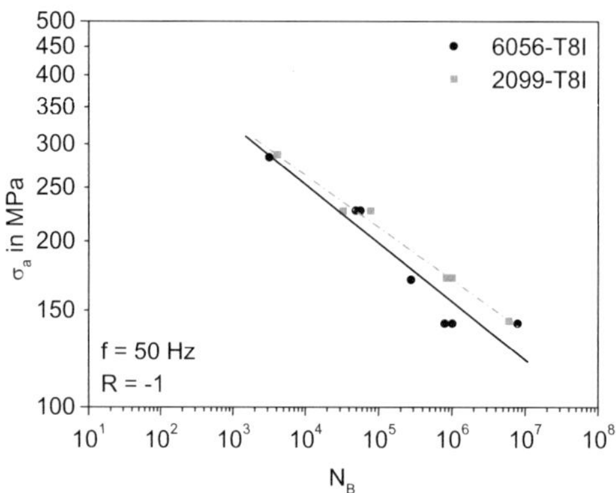

Bild 5-54: Wöhlerkurven der Matrixlegierungen (R = -1, Zustand T8I)

Tabelle 5-16: 10^7-Wechselfestigkeit der Matrixlegierungen im Zustand T8I (aus Extrapolation)

Legierung	10^7-Wechselfestigkeit (R = -1) in MPa
6056-T8I	121
2099-T8I	137

Die Wöhlerkurven der Matrixlegierungen im Zustand T8I bei einem Lastverhältnis von R = 0,1 sind in Bild 5-55 abgebildet.

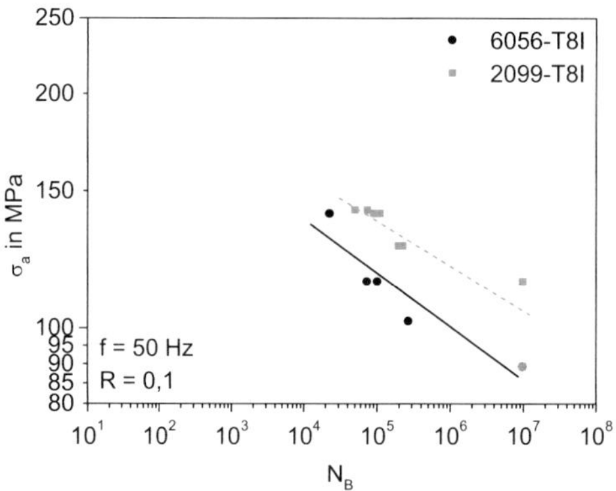

Bild 5-55: Wöhlerkurven der Matrixlegierungen (R = 0,1; Zustand T8I)

Wie auch schon beim Lastverhältnis von R = -1 zeigt sich, dass die Legierung 2099-T8I eine höhere Ermüdungsfestigkeit aufweist. Bei diesem Lastverhältnis laufen die Ausgleichgeraden ebenfalls nahezu parallel.

Die Wöhlerkurven der Matrixlegierungen im Zustand T8I bei einem Lastverhältnis von R = 0,5 sind in Bild 5-56 abgebildet. Die Ausgleichsgeraden weisen erneut eine ähnliche Steigung auf und es kommt zu einer minimal erhöhten Ermüdungsfestigkeit bei 2099-T8I im Vergleich zu 6056-T8I.

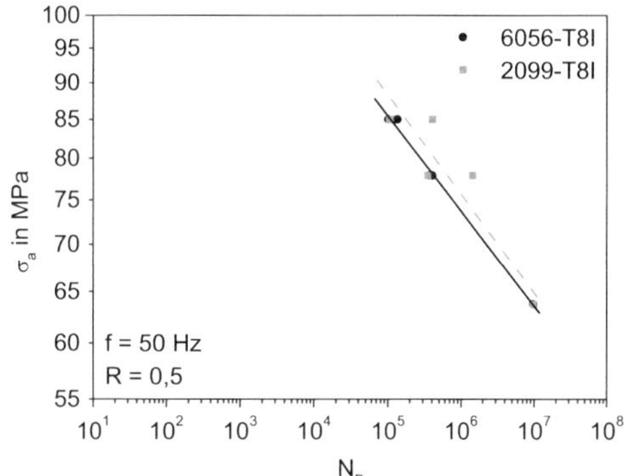

Bild 5-56: Wöhlerkurven der Matrixlegierungen (R = 0,5, Zustand T8I)

Die Wöhlerkurven der Matrixlegierungen im Zustand T8I bei einem Lastverhältnis von R = -0,5 sind in Bild 5-57 dargestellt.

Erneut zeigt die Legierung 2099-T8I einen leicht erhöhten Ermüdungswiderstand. Die Ausgleichgeraden verlaufen hier nahezu parallel. Die aus der Extrapolation gewonnenen 10^7-Dauerfestigkeiten sind in Tabelle 5-17 für die vorgestellten Lastverhältnisse zusammengefasst.

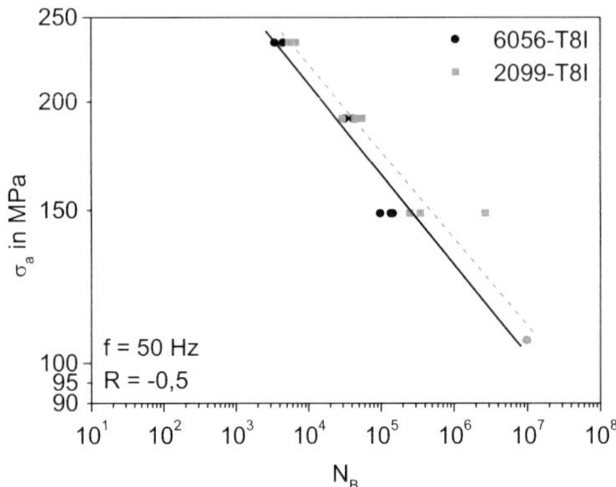

Bild 5-57: Wöhlerkurven der Matrixlegierungen (R = -0,5, Zustand T8I)

Tabelle 5-17: 10^7-Dauerfestigkeit der Matrixlegierungen (aus Extrapolation) im Zustand T8I bei verschiedenen Lastverhältnissen

Legierung	R	10^7-Dauerfestigkeit in MPa
6056-T8I	0,1	86
2099-T8I	0,1	105
6056-T8I	0,5	64
2099-T8I	0,5	65
6056-T8I	-0,5	103
2099-T8I	-0,5	111

Die extrapolierten 10^7-Dauerfestigkeiten der Legierung 2099-T8I liegen unabhängig vom Lastverhältnis immer über denen der Legierungen 6056-T8I, was auf die besseren Ermüdungseigenschaften der Legierung 2099-T8I hinweist.

5.4.1.5 Ergebnisse zum Wechselverformungsverhalten

Bild 5-58 stellt die Wechselverformungskurven verschiedener Lastspiele einer 6056-T8I-Ermüdungsprobe bei einem Lastverhältnis von R = -1 dar.

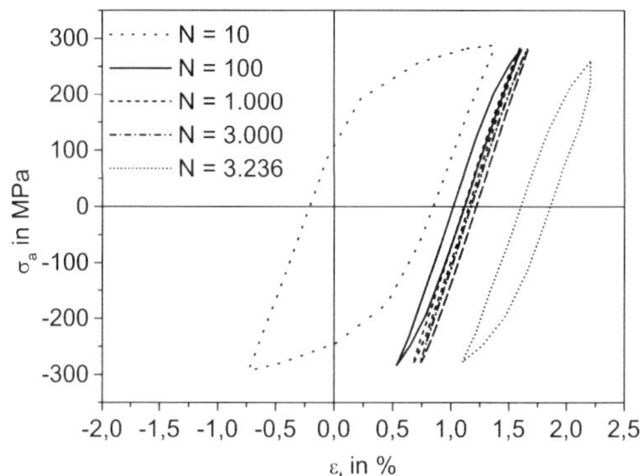

Bild 5-58: Hysteresen einer 6056-T8I-Ermüdungsprobe (σ_a = 283 MPa)

Zwischen dem zehnten und dem hundertsten Lastspiel ist eine deutliche Verringerung der Hysteresenbreite zu beobachten. Zudem verschiebt sich die Mitteldehnung zu höheren Werten, es tritt zyklisches Kriechen auf. Im weiteren Verlauf der Beanspruchung bis zum dreitausendsten Lastspiel sind dieselben Effekte festzustellen, jedoch weit weniger ausgeprägt. Die Hysterese des 3.236ten Lastspiels (9 Lastspiele vor Probenbruch) lässt bereits eine deutliche Wechselentfestigung der Probe erkennen, welche sich in einer erneuten Verbreiterung der Hysterese äußert. Die Auswertung der Probensteifigkeit ließ hier jedoch keinen Abfall erkennen.

In Bild 5-59 sind die Hysteresen einer 2099-T8I-Ermüdungsprobe bei einem Lastverhältnis von R = -1 zusammengestellt. Wie auch schon bei 6056-T8I ist am Anfang der Beanspruchung eine deutliche Wechselverfestigung des Werkstoffes zu beobachten. Nach einem Sättigungsbereich kommt es anschließend wieder zu einer Wechselentfestigung. Im Gegensatz zu 6056-T8I tritt der Sättigungsbereich der Verfestigung später auf.

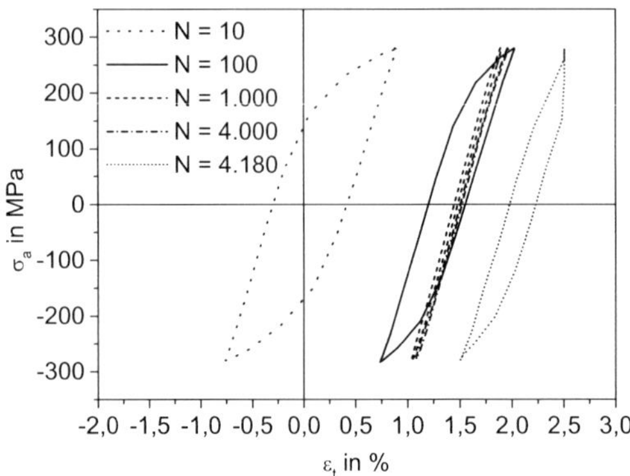

Bild 5-59: Hysteresen einer 2099-T8I-Ermüdungsprobe (σ_a = 283 MPa)

5.4.1.6 Ergebnisse der Schädigungsentwicklung (R = -1)

Im Folgenden werden die Ergebnisse der Schädigungsentwicklung bei Ermüdungsbeanspruchung mit einem Lastverhältnis von R = -1 an unverstärkten Proben vorgestellt. In Bild 5-60 ist die Rissausbreitung an einer 6056-T8I-Probe nachzuvollziehen.

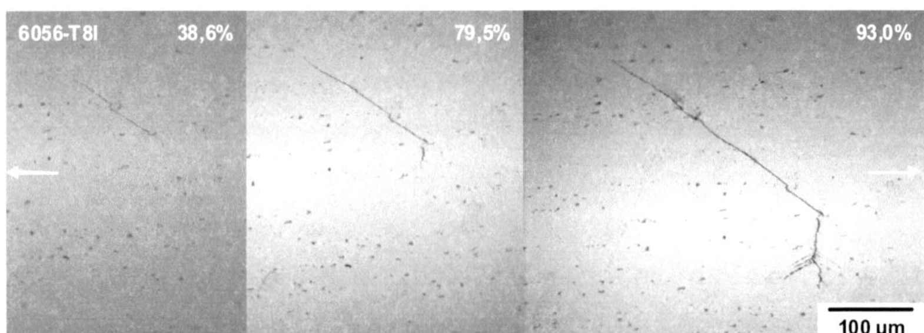

Bild 5-60: Rissbildung und -ausbreitung an der Oberfläche einer 6056-T8I-Ermüdungsprobe (Beanspruchung: σ_a = 171 MPa, N_B = 73.239)

Die Beanspruchungsrichtung in Bild 5-60 ist horizontal, wie durch die weißen Pfeile verdeutlicht ist. Es konnte bei 38,6 % der Gesamtlebensdauer dieser

Probe (nach 43.211 Zyklen) an der Probenoberfläche innerhalb der polierten Messtrecke der erste Anriss entdeckt werden. Im weiteren Verlauf der Beanspruchung breitete sich dieser Anriss aus (Bild 5-60 79,5 %). An der Rissspitze kommt es zu Verzweigungen und zur Ausbildung von Gleitbändern. Ganz rechts in Bild 5-60 (93,0 %) ist der letzte Riss, welcher vor dem Probenbruch detektiert werden konnte, abgebildet. Nach dieser Aufnahme versagte die Probe innerhalb von 5.000 Zyklen.

Bild 5-61 zeigt die Untersuchungsergebnisse zur Schädigungsentwicklung an einer 2099-T8I-Probe.

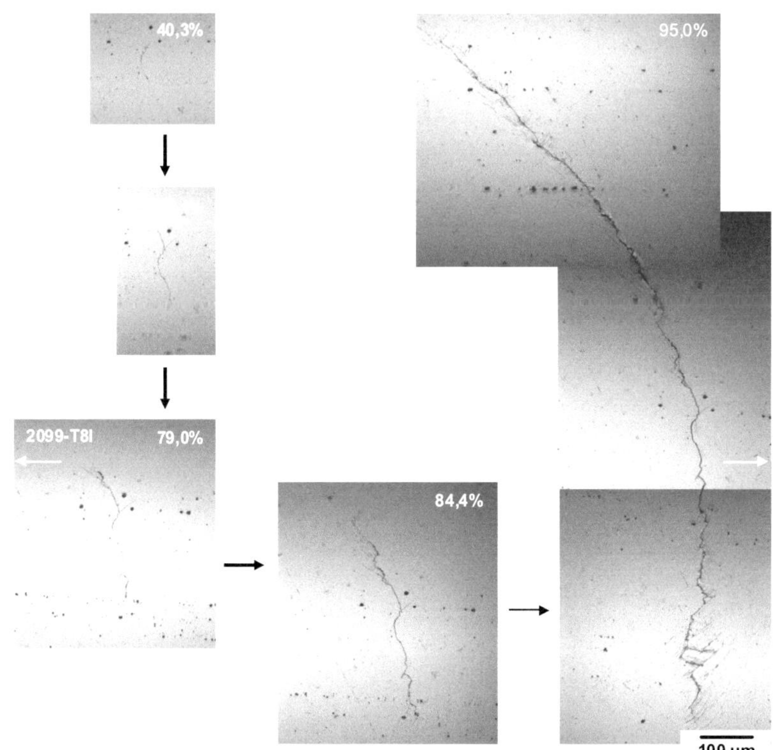

Bild 5-61: Rissbildung und -ausbreitung an der Oberfläche einer 2099-T8I-Ermüdungsprobe (Beanspruchung: σ_a = 171 MPa, N_B = 94.122)

Der erste Riss bildet sich bei 40,3 % der Lebensdauer dieser Probe (nach 37.931 Zyklen), im Vergleich zur 6056-T8I-Matrix nur geringfügig später. Von dort breitet sich der Riss weiter aus. Die letzte Aufnahme wurde bei 95,0 % der Probenlebensdauer aufgenommen. Der Riss misst hier bereits über 1,5 mm entlang der gekrümmten Probenoberfläche. Nach 4.730 weiteren Zyklen versagte die Probe.

5.4.2. Verstärkungselemente

5.4.2.1 Mikrohärtemessungen

Im Folgenden werden die Mikrohärtewerte der eingebetteten Verstärkungselemente im T8I-Profil dargestellt (vgl. Tabelle 5-18).

Tabelle 5-18: Ergebnisse der Mikrohärtemessungen im Drahtmaterial (Zustand T8I)

Verbund	Komponente	HV 0,1	Standardabweichung
6056+Fe-T8I	Fe	702	23,46
6056+Co-T8I	Co	799	25,89
2099+Fe-T8I	Fe	720	19,58
2099+Co-T8I	Co	798	13,62

Im Zustand T8I weisen die Fe-Drähte niedrigere Mikrohärtewerte auf, als die Co-Drähte im Zustand T8I. Der unterschiedliche Reckgrad der Matrixlegierungen scheint die Härte des Co-Drahts nicht zu beeinflussen. Beim Fe-Draht wird durch den größeren Reckgrad der 2099-Legierung eine höhere Mikrohärte gemessen als innerhalb der 6056-T8I-Matrix.

5.4.2.2 Zugversuche

Es wurden Zugversuche an verstärkten 6056-T8I Zugproben durchgeführt, bei welchen das Matrixmaterial in der Messstrecke weggeätzt wurde, wie in

Kapitel 4.4.2 beschrieben. Die zugehörigen Zugverfestigungskurven sind in Bild 5-62 dargestellt.

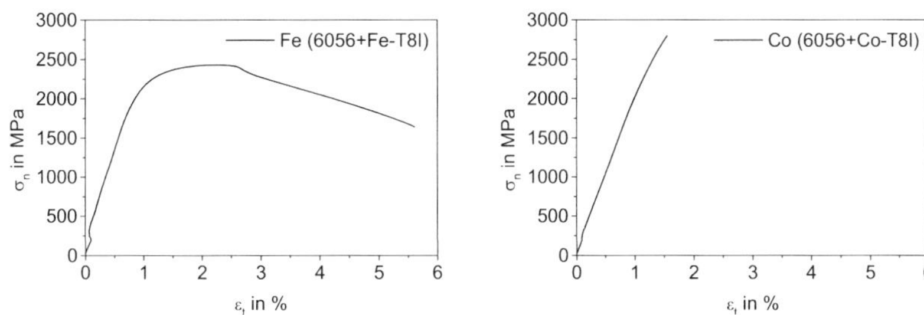

Bild 5-62: Drahtzugverfestigungskurven: Fe (6056+Fe-T8I) (links) und Co (6056+Co-T8I) (rechts) im Zustand T8I

Die Drahtzugverfestigungskurven weisen im Anfangsbereich Setzerscheinungen auf, welche hier im Weiteren vernachlässigt werden. Beim Fe-Draht kommt es nach Erreichen der Zugfestigkeit zu einer sehr ausgeprägten plastischen Deformation. Der Co-Draht zeigt in diesem Zustand ein recht sprödes Verhalten, dafür jedoch eine sehr hohe Festigkeit. Die mechanischen Kennwerte der beiden Drahtwerkstoffe im Zustand T8I nach dem Freiätzen sind in Tabelle 5-19 aufgeführt.

Tabelle 5-19: Mechanische Kennwerte der Drahtwerkstoffe im Zustand T8I

Draht	E-Modul in GPa	Streckgrenze in MPa	Zugfestigkeit in MPa	Streckgrenzenverhältnis	Bruchtotaldehnung in %
Fe (6056+Fe-T8I)	221	1499	2427	0,62	5,51
Co (6056+Co-T8I)	212	1688	2799	0,66	1,39

5.4.3. Verbunde

5.4.3.1 Metallografie

Bild 5-63 zeigt metallografische Längsschliffe entlang der Drahtachse der verschiedenen Verbunde am Ende der Prozesskette. In Bild 5-63 oben sind Schliffe mit 6056-T8I-Matrix, unten mit 2099-T8I-Matrix abgebildet. Das Drahtmaterial befindet sich jeweils oben im Bild, das Matrixmaterial unten.

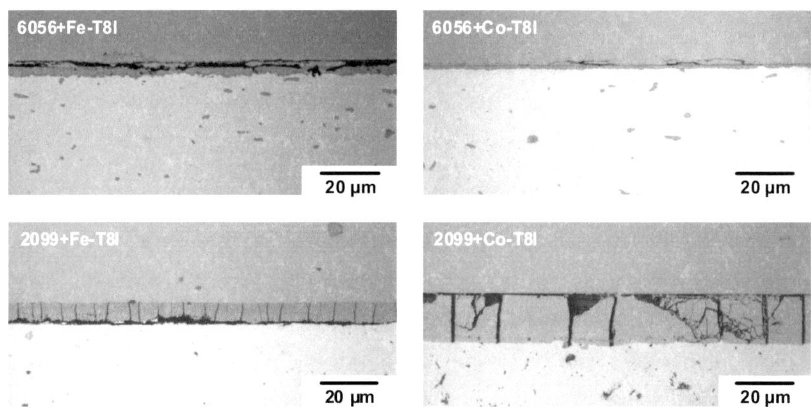

Bild 5-63: Metallografische Längsschliffe entlang Drahtachse (Zustand T8I)

In allen Fällen kommt es zur Bildung einer Diffusionsschicht zwischen Aluminium und den Verstärkungselementen. Die Dicke dieser Schichten unterscheidet sich einerseits in Abhängigkeit der verschiedenen Materialkombinationen und andererseits in Abhängigkeit der unterschiedlichen Wärmebehandlungen der Aluminiumlegierungen. Die Wärmebehandlung von 2099-T8I ergibt eine dickere Diffusionsschicht besonders in Verbindung mit dem Co-Draht, während die dünnste Schicht bei 6056+Co-T8I beobachtet wurde. Die Schichten, besonders innerhalb der 2099-T8I-Verbunde, scheinen sehr spröde zu sein, was aus den Rissen innerhalb der Schicht geschlossen werden kann. Zwischen Matrix und Diffusionsschicht

(2099+Fe-T8I), bzw. zwischen Diffusionsschicht und Draht (2099+Co-T8I), scheint ein durchgängiger Riss zu verlaufen.

Bild 5-64: Längsschliff mit Mehrfacheinschnürung einer 6056+Fe-T8I-Zugprobe

In Längsschliffen von 6056+Fe-T8I-Zugproben, die bis zum Bruch beansprucht wurden, zeigten sich mehrfache Einschnürungen des Verstärkungselements, wie in Bild 5-64 abgebildet. Längsschliffe von 2099+Fe-T8I-Zugproben zeigen den Effekt der mehrfachen Einschnürung nicht, da es hier zu einem anderen Versagensverhalten kommt (siehe Kapitel 5.4.3.3).

5.4.3.2 Ergebnisse der radiografischen Untersuchungen

An den Profilen wurden im Zustand T8I Durchleuchtungsaufnahmen erstellt, nachdem beim Reckprozess ein hörbares Knacken der 2099-Profile aufgetreten war. Die Röntgenbilder sind in Bild 5-65 dargestellt.

Während bei den 6056-T8I-Profilen keinerlei Auffälligkeiten entdeckt werden konnten, wurden ausschließlich beim Co-Draht im 2099-T8I-Profil mehrfache Drahtbrüche festgestellt.

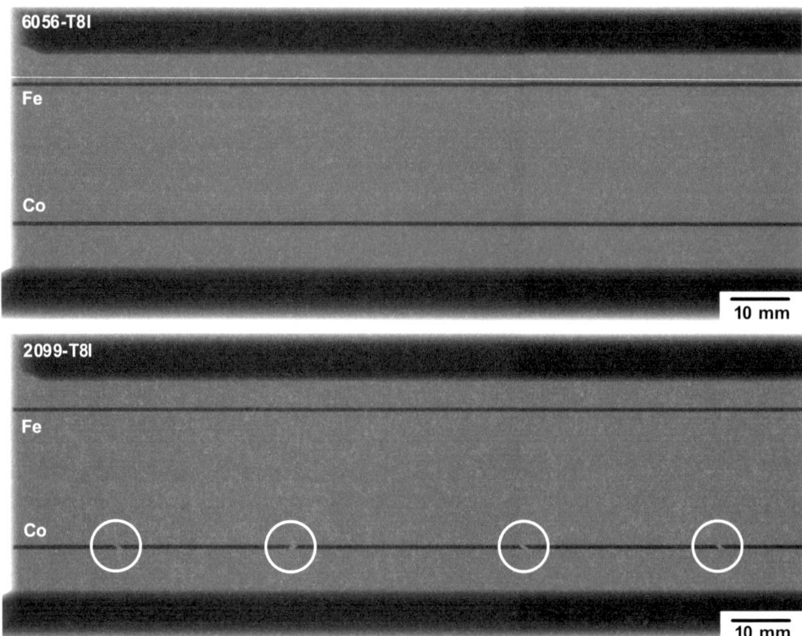

Bild 5-65: Durchstrahlung der Profile; oben: 6056-T8I, unten: 2099-T8I

5.4.3.3 Zugversuche

Die Zugverfestigungskurven der verstärkten 6056-T8I-Verbunde sind in Bild 5-66 dargestellt. Zum Vergleich ist ebenfalls die Kurve der unverstärkten Matrix aufgeführt.

Es zeigt sich beim Co-Draht ein sehr frühes Versagen des Verstärkungselements gefolgt von einer Verfestigung und anschließender Einschnürung der Matrix im Bereich des Drahtbruchs. Im Gegensatz dazu tritt beim 6056+Fe-T8I-Verbund eine deutlich höhere plastische Verformung bis zum Bruch des Verstärkungselements auf. Die Einschnürung der Matrix nach Versagen des Verstärkungselements ist dadurch stark reduziert.

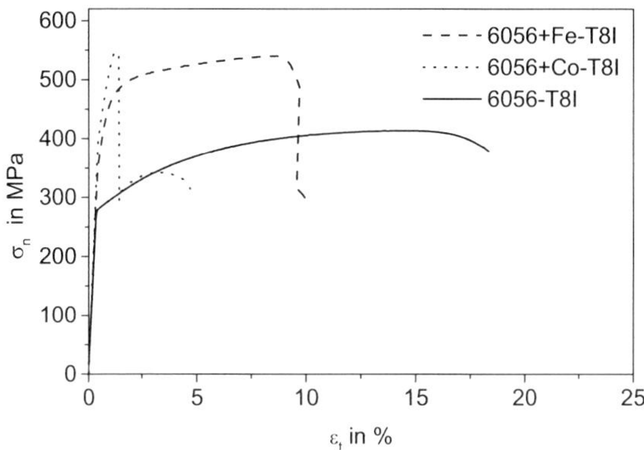

Bild 5-66: Zugverfestigungskurven der 6056-T8I-Verbunde

Bild 5-67 zeigt die Zugverfestigungskurven der 2099-T8I-Verbunde sowie des unverstärkten Matrixmaterials im Zustand T8I. Es muss darauf hingewiesen werden, dass pro Verstärkungselement zwei verschiedene Zugverfestigungskurven abgebildet sind, um die Streuung der Ergebnisse in diesem Zustand zu verdeutlichen.

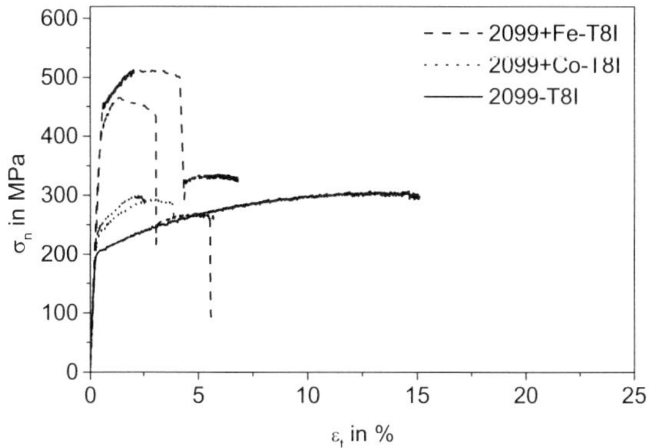

Bild 5-67: Zugverfestigungskurven der 2099-T8I-Verbunde

Im Gegensatz zu allen bis jetzt vorgestellten Versuchen tritt hier ein durchweg anderes Versagensverhalten auf. So kommt bei den 2099+Fe-T8I-

Verbunden nicht zu einem Bruch des Verstärkungselements und anschließend zu einem Einschnüren und anschließendem Versagen der umgebenden Matrix, sondern zu einem Versagen der Matrix am Rand der Messstrecke und anschließend zum Herausziehen des Verstärkungselements aus dem nächstliegenden Probenkopf (vgl. Bild 5-68).

Dieses Verhalten zeigt, dass über die Grenzfläche die Kraftübertragung in das Verstärkungselement nicht gewährleistet ist und somit die Zugkurven in Bild 5-67 erklärt werden kann. Die Zugverfestigungskurven der 2099+Co-T8I-Verbunde sind nur der Vollständigkeit halber aufgeführt. Hier war beim Recken bereits das Verstärkungselement gerissen (vgl. Bild 5-65).

Die mechanischen Kennwerte der Verbunde sind in Tabelle 5-20 aufgeführt.

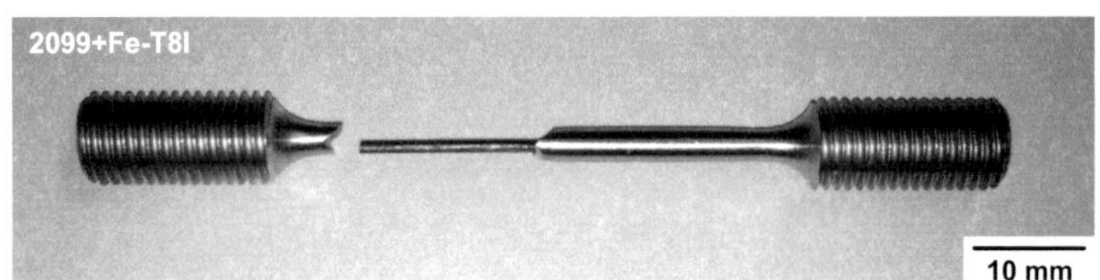

Bild 5-68: 2099+Fe-T8I-Zugprobe, Draht aus Probenkopf heraus gezogen

Tabelle 5-20: Mechanische Kennwerte der Verbunde im Zustand T8I

Verbund	E-Modul in GPa	Streckgrenze in MPa	Zugfestigkeit in MPa	Totaldehnung Drahtbruch in %
6056+Fe-T8I	83	357	549	9,9
6056+Co-T8I	85	362	543	1,3
2099+Fe-T8I	81	358	Draht Pull-Out	
2099+Co-T8I	74	231	Draht bereits versagt	

Es ist zu beachten, dass es bei den 2099+Fe-T8I-Verbunden zum Herausziehen der Drähte kam und somit weder die Zugfestigkeit der Verbunde noch die Totaldehnung bei Bruch des Verstärkungselements angegeben werden kann. Bei den 2099+Co-T8I-Verbunden war das Verstärkungselement bereits vor der Probenpräparation gerissen (vgl. Bild 5-65).

5.4.3.4 Fraktografie

In Bild 5-69 sind REM-Aufnahmen der Bruchfläche einer 6056+Fe-T8I-Zugprobe dargestellt. Sowohl in der Matrix als auch im Verstärkungselement ist eine Einschnürung zu erkennen. Die Grenzfläche zwischen Matrix und Draht ist dadurch aufgerissen (Bild 5-69 links). Bild 5-69 rechts zeigt eine Vergrößerung der Drahtbruchfläche, in welcher ein sehr feiner duktiler Wabenbruch zu erkennen ist.

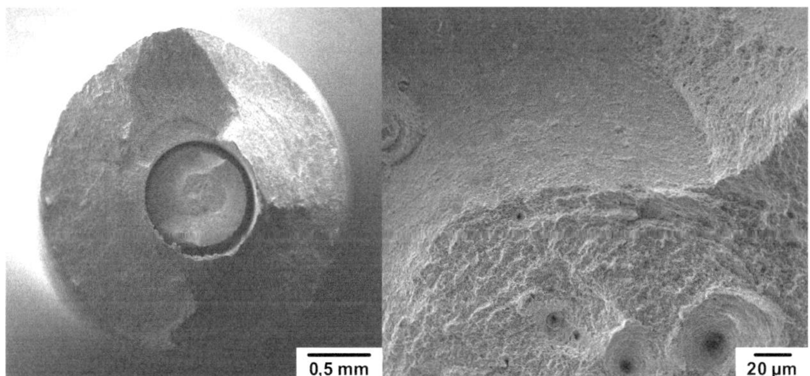

Bild 5-69: REM-Aufnahmen der Bruchfläche einer 6056+Fe-T8I-Zugprobe

Die Bruchfläche einer 6056+Co-T8I-Zugprobe ist in Bild 5-70 abgebildet. Links ist die Einschnürung der Matrix, jedoch keine Einschnürung des Verstärkungselements, zu erkennen. Darüber hinaus scheint sich die Matrix nicht gleichförmig in Umfangsrichtung einzuschnüren, was auf die Längspressnaht zurückgeführt werden kann. Rechts in Bild 5-70 ist die Wabenbruchfläche des Co-Drahtes dargestellt.

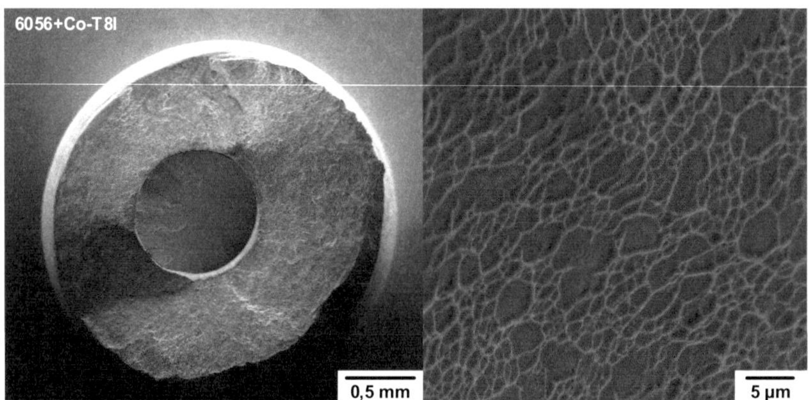

Bild 5-70: REM-Aufnahmen der Bruchfläche einer 6056+Co-T8I-Zugprobe

Bild 5-71 zeigt die Bruchfläche einer 2099+Fe-T8I-Zugprobe. Die Matrixeinschnürung ist im Vergleich zu den 6056-T8I-Verbunden deutlich geringer. Das Verstärkungselement hingegen schnürt ähnlich stark ein wie beim 6056+Fe-T8I-Verbund. Bild 5-71 rechts zeigt eine Vergrößerung eines Risses im Matrixmaterial ausgehend von der Matrix-Draht-Grenzfläche. Durch die Lage und Richtung dieses Risses liegt der Verdacht nahe, dass es sich hierbei um eine aufgerissene Längspressnaht handelt.

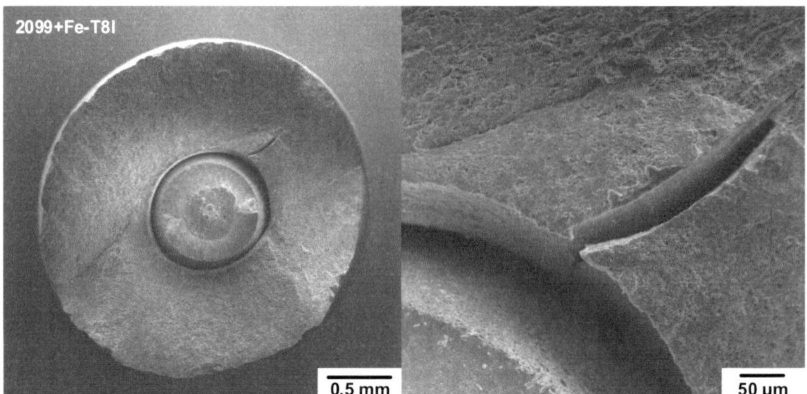

Bild 5-71: REM-Aufnahmen der Bruchfläche einer 2099+Fe-T8I-Zugprobe

5.4.3.5 Eigenspannungsmessungen

In metallografischen Längsschliffen wurden Eigenspannungen in axialer Richtung im Draht gemessen. Dabei wurde ein Stück des Profils im Zustand T8I eingebettet und der Draht durch Schleifen und Polieren freigelegt. Anschließend wurde die plastisch verformte Schicht durch Vibrationspolieren mit Siliziumoxid entfernt. Es kommt durch das Abschleifen zur Umlagerung der Eigenspannungen zwischen Verstärkungselement und Matrix, weshalb nicht die Absolutwerte, sondern nur die Richtung der Spannungen (Zug oder Druck) aus diesen Messungen verwendet werden können. Es konnten Spannungen in Höhe von 1114 ± 50 MPa für den Fe-Draht im Verbund 6056+Fe-T8I und 983 ± 67 MPa für den Fe-Draht im Verbund 2099+Fe-T8I gemessen werden. Dies zeigt, dass der Fe-Draht in beiden Matrixlegierungen im Zustand T8I unter großen Zugspannungen steht.

Die Eigenspannungsverläufe in axialer und tangentialer Richtung an der Oberfläche einer gebrochenen 6056+Fe-T8I-Zugprobe nach dem Versuch gemessen im Matrixmaterial sind in Bild 5-72 zusammen mit der Aufnahme aus der optischen Dehnungsmessung dargestellt.

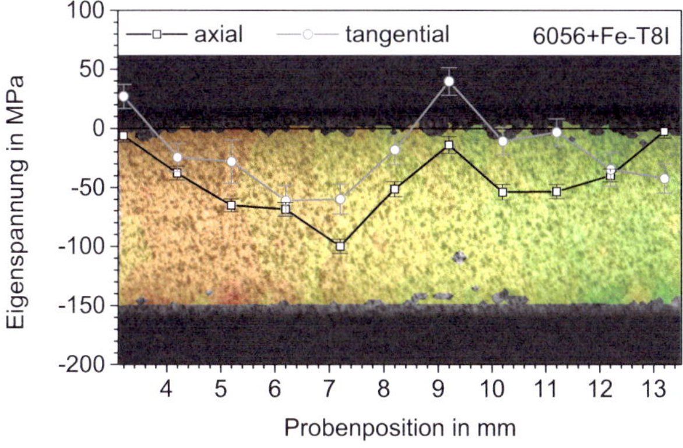

Bild 5-72: Axialer und tangentialer Eigenspannungsverlauf im Matrixmaterial auf der Oberfläche einer 6056+Fe-T8I-Zugprobe nach dem Bruch

Die Einschnürung auf der linken Seite ist im Profil der axialen und tangentialen Eigenspannungen durch deren Verlauf im negativen Bereich zu erkennen. In der Mitte des untersuchten Bereichs kommt es zu einem lokalen Maximum der Eigenspannungen. Von hier aus nach rechts nehmen die Eigenspannungen wieder ab, was auf eine weitere Einschnürung hinweisen könnte. Mit Hilfe der optischen Dehnungsmessung und im metallografischen Längsschliff konnte diese Einschnürungen jedoch nicht beobachtet werden. Der Bruch der Probe erfolgte ca. 4 mm weiter rechts außerhalb des untersuchten Messstreckenbereichs.

5.4.3.6 Push-Out-Versuche

Die Debondingscherfestigkeiten der verschiedenen Verbunde im Zustand T8I sind in Tabelle 5-21 aufgelistet.

Tabelle 5-21: Debondingscherfestigkeiten der Verbunde im Zustand T8I

Verbund	Debondingscherfestigkeit in MPa	Standardabweichung in MPa
6056+Fe-T8I	149	6,8
6056+Co-T8I	163	8,0
2099+Fe-T8I	57	5,6
2099+Co-T8I	36	4,0

Beim Vergleich der beiden Matrixmaterialien zeigt sich, dass es bei den 2099-T8I-Verbunden zu einer deutlichen Reduktion der Grenzflächenscherfestigkeit im Vergleich zu den 6056-T8I-Verbunden kommt. Die Drahtwerkstoffe hingegen scheinen keinen signifikanten Einfluss auf die Grenzflächenscherfestigkeiten in diesem Zustand zu haben. Der Verbund 2099+Co-T8I weist die geringste Grenzflächenscherfestigkeit auf.

In Bild 5-73 sind metallografische Aufnahmen von abgebrochenen Push-Out-Versuchen der Verbunde im Zustand T8I dargestellt.

Bild 5-73: Längsschliffe nach abgebrochenen Push-Out-Versuchen

Es ist festzustellen, dass es im Falle der 6056-T8I-Verbunde zu einem Versagen im Matrixmaterial kommt. Durch die Wärmebehandlung und das Recken konnte die Festigkeit des 6056-T8I-Matrixmaterials gesteigert werden und somit nimmt auch die gemessene Debondingscherfestigkeit zu. Bei den 2099-T8I-Verbunden tritt der gegenteilige Effekt auf: Auf Grund der Diffusionsschicht (vgl. Bild 5-73 rechts) ist die Grenzfläche im Zustand T8I sehr stark geschwächt. Das Versagen findet nun zwischen Matrix und Diffusionsschicht (2099+Fe-T8I) bzw. zwischen Diffusionsschicht und Draht (2099+Co-T8I) statt und somit an den Orten, an denen sich in den metallografischen Schliffen bereits ein durchgängiger Riss zeigte (vgl. Bild 5-63). Bild 5-74 zeigt REM-Aufnahmen von Push-Out-Proben nach dem Versuch von unten.

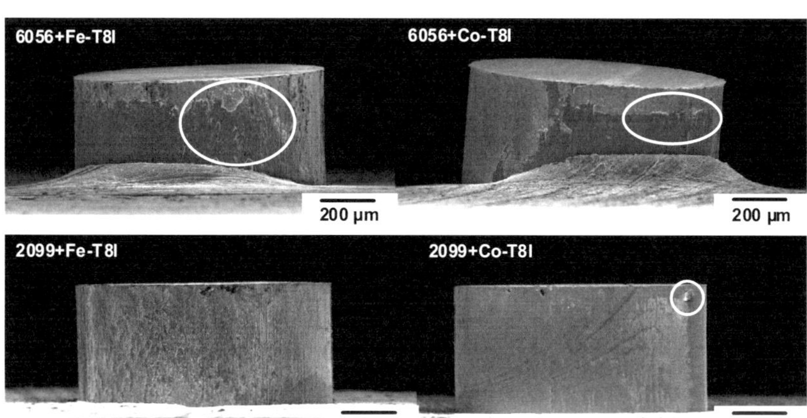

Bild 5-74: REM-Aufnahmen der Push-Out-Proben, Zustand T8I

Im Gegensatz zu den 2099-T8I-Verbunden zeigen die 6056-T8I-Verbunde eine deutliche Aufwölbung des Matrixmaterials, was gut mit den hohen gemessenen Debondingscherfestigkeiten korreliert. Zudem kann an den herausgedrückten Drahtoberflächen der 6056-T8I-Verbunde Matrixmaterial nachgewiesen werden (markierte Bereiche in Bild 5-74). Auf dem Verstärkungselement der 2099+Co-T8I-Probe in Bild 5-74 haftet lediglich ein Stück der Diffusionsschicht an.

5.4.3.7 Ergebnisse zum Lebensdauerverhalten

Die Spannungswöhlerkurven der Verbunde mit 6056-T8I-Matrix sowie der unverstärkten Matrix zum Vergleich sind in Bild 5-75 für ein Lastverhältnis von R = -1 dargestellt. Beide Verbunde zeigen eine deutlich höhere Lebensdauer im Vergleich zum reinen Matrixmaterial. Die Ausgleichsgeraden der beiden Verbunde liegen sehr nah beieinander, wobei der Co-Draht-Verbund eine minimal höhere Lebensdauer zeigt.

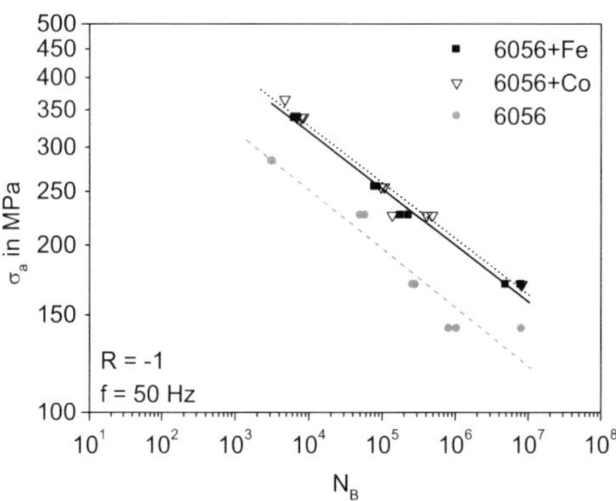

Bild 5-75: Wöhlerkurven verstärkter und unverstärkter 6056-T8I-Proben

Bild 5-76 zeigt die Wöhlerkurven der 2099-T8I-Verbunde sowie der unverstärkten Matrix zum Vergleich für ein Lastverhältnis von R = -1. Zwar weisen die verstärkten Proben eine höhere Lebensdauer als das unverstärkte Matrixmaterial auf, der Effekt ist jedoch nicht so ausgeprägt wie bei den 6056-

T8I-Verbunden. Auch in diesem Fall weisen die Co-Draht-Verbunde leicht erhöhte Lebensdauern im Vergleich zu den Fe-Draht-Verbunden auf. Die Streuung der Lebensdauern auf den einzelnen Lasthorizonten ist in beiden Fällen recht gering, was besonders für die 2099+Co-T8I-Verbunde gilt. Es muss allerdings darauf hingewiesen werden, dass hier nur Proben dargestellt sind, bei welchen der Co-Draht nicht bereits durch das Recken angerissen war (vgl. Bild 5-65).

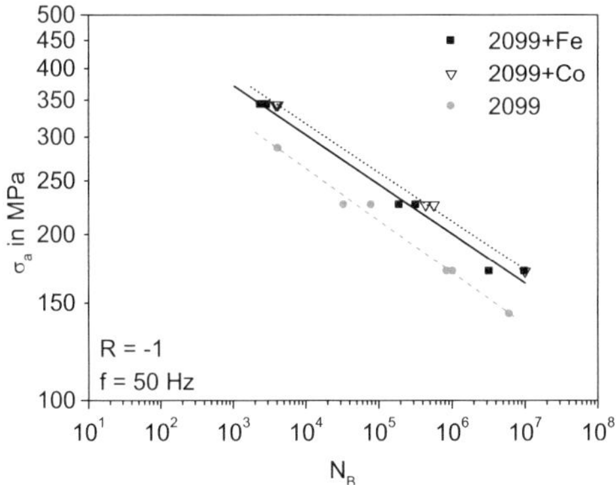

Bild 5-76: Wöhlerkurven verstärkter und unverstärkter 2099-T8I-Proben

Manche 2099+Co-T8I-Proben versagten deutlich früher als die hier dargestellten und daher mussten die Proben vor den Ermüdungsversuchen mit Röntgenstrahlung durchstrahlt werden. Eine beispielhafte Durchstrahlungsaufnahme ist in Bild 5-77 gezeigt. In diesem zur Verdeutlichung ausgewählten Extremfall ist bei allen Proben innerhalb der Messstrecke der Co-Draht gerissen, weshalb diese Proben nicht für die Erzeugung der Wöhlerkurven (vgl. Bild 5-76 und Bild 5-79) herangezogen wurden.

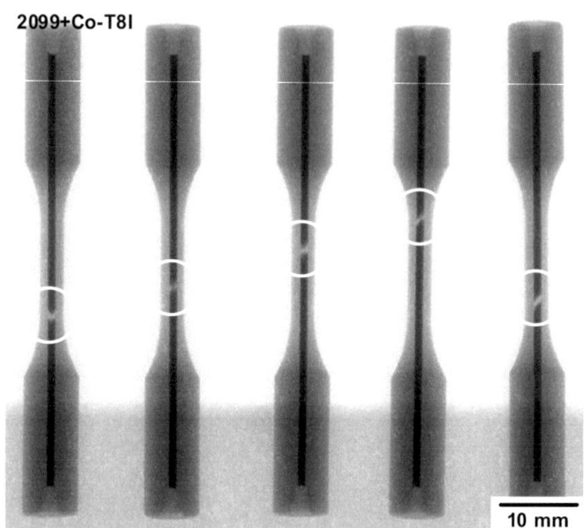

Bild 5-77: Durchstrahlung von 2099+Co-T8I-Ermüdungsproben

Die aus den Ausgleichsgeraden extrapolierten 10^7-Wechselfestigkeiten der verschiedenen Verbundkombinationen für das Lastverhältnis R = -1 sind in Tabelle 5-22 aufgeführt.

Tabelle 5-22: 10^7-Wechselfestigkeit der Verbunde im Zustand T8I (aus Extrapolation) für das Lastverhältnis R = -1

Verbund	10^7-Wechselfestigkeit (R = -1) in MPa	Zunahme gegenüber Matrix in %
6056+Fe-T8I	158	30,8
6056+Co-T8I	163	35,3
2099+Fe-T8I	163	19,3
2099+Co-T8I	171	25,3

Im Folgenden werden die Ergebnisse der Ermüdungsversuche an verstärkten Proben im Zustand T8I mit einem Lastverhältnis von R = 0,1 vorgestellt (vgl. Bild 5-78 und Bild 5-79).

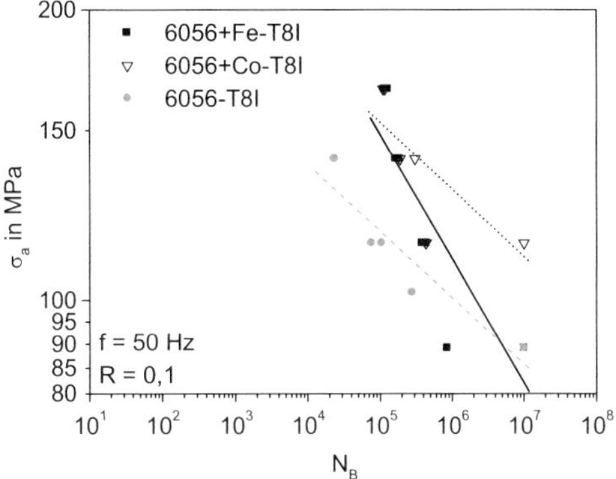

Bild 5-78: Wöhlerkurven verstärkter und unverstärkter 6056-T8I-Proben

Während der 6056+Co-T8I-Verbund auch bei einem Lastverhältnis von R = 0,1 eine deutlich höhere Ermüdungsfestigkeit zeigt als die unverstärkte Matrix, scheinen die Fe-Draht verstärkten Proben einen stark unterschiedlichen Ermüdungsexponenten aufzuweisen.

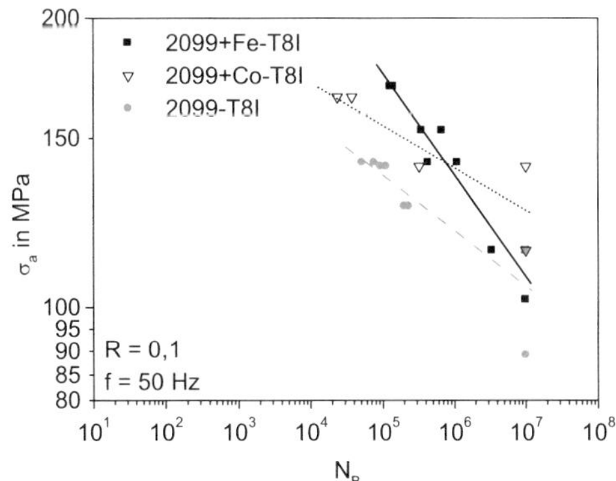

Bild 5-79: Wöhlerkurven verstärkter und unverstärkter 2099-T8I-Proben

In Bild 5-79 sind die Ermüdungsversuche bei einem Lastverhältnis R = 0,1 mit 2099-T8I-Matrix dargestellt. Die Ergebnisse der 2099+Co-T8I-Proben zeigen ein qualitativ zum Matrixmaterial analoges Verhalten, allerdings quantitativ verschoben zu höheren Lebensdauern. Bei den 2099+Fe-T8I-Proben ist hingegen, wie auch bei den 6056+Fe-T8I-Proben, ein anderer Ermüdungsexponent zu erkennen als beim Matrixmaterial, was in diesem Fall in einem sehr niedrigen extrapolierten Wert für die Dauerfestigkeit resultiert. Die aus den Ausgleichsgeraden extrapolierten 10^7-Dauerfestigkeiten der verschiedenen Verbundkombination für das Lastverhältnis R = 0,1 sind in Tabelle 5-23 aufgeführt.

Tabelle 5-23: 10^7-Dauerfestigkeit der Verbunde am Ende der Prozesskette (aus Extrapolation) für das Lastverhältnis R = 0,1

Verbund	107-Dauerfestigkeit (R = 0,1) in MPa	Zunahme gegenüber Matrix in %
6056+Fe-T8I	82	-4,7
6056+Co-T8I	111	29,1
2099+Fe-T8I	108	2,9
2099+Co-T8I	126	20,0

5.4.3.8 Ergebnisse zum Wechselverformungsverhalten

Ausgewählte Hysteresen eines 6056+Fe-T8I-Verbundes sind in Bild 5-80 zusammengestellt. Im Gegensatz zu den unverstärkten Proben kommt es hier nicht zu einer ausgeprägten Wechselverfestigung oder zu zyklischem Kriechen. Die Hysteresen des zehnten bis 100.000sten Zyklus ähneln sich sehr stark. Bemerkenswert ist, dass beim Zyklus 231.584 ein Abknicken des Zugspannungsteils der Hysterese zu beobachten ist. Die Auswertung der Steigung der Hysterese in diesem Bereich ergibt den Elastizitätsmodul des Fe-Drahtes, wenn die Fläche des Drahtes zur Spannungsberechnung verwendet wird. Dies spricht dafür, dass hier bereits die Matrix vollständig gebrochen ist und nur noch das Verstärkungselement die Kraft überträgt. Die Bruchlastspielzahl dieser Probe betrug 231.588 Lastspiele.

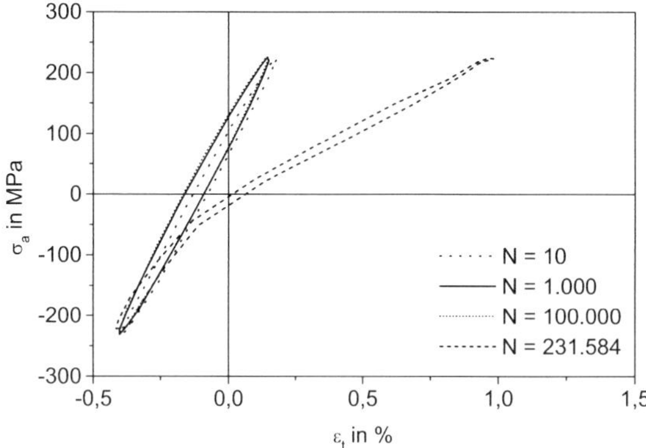

Bild 5-80: Hysteresen eines 6056+Fe-T8I-Verbundes (σ_a = 226 MPa)

Im Bild 5-81 sind Hysteresen einer 6056+Co-T8I-Probe abgebildet. Das Verhalten ist in Prinzip identisch zu 6056+Fe-T8I. Gegen Ende der Lebensdauer tritt ebenfalls ein Abknicken im Zugspannungsbereich der Hysterese auf, jedoch zeigt die Auswertung der Steigung hier, dass das Matrixmaterial noch nicht vollständig gebrochen ist. Im nächsten Zyklus kommt es bereits zum Probenbruch, also zum gleichzeitigen Versagen des Restquerschnitts der Matrix und des Verstärkungselements.

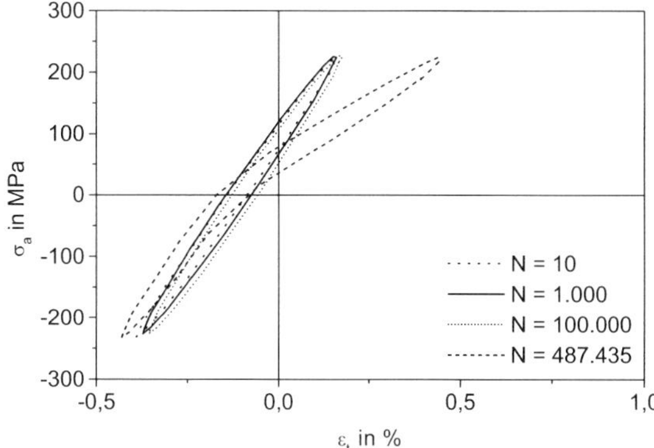

Bild 5-81: Hysteresen eines 6056+Co-T8I-Verbundes (σ_a = 226 MPa)

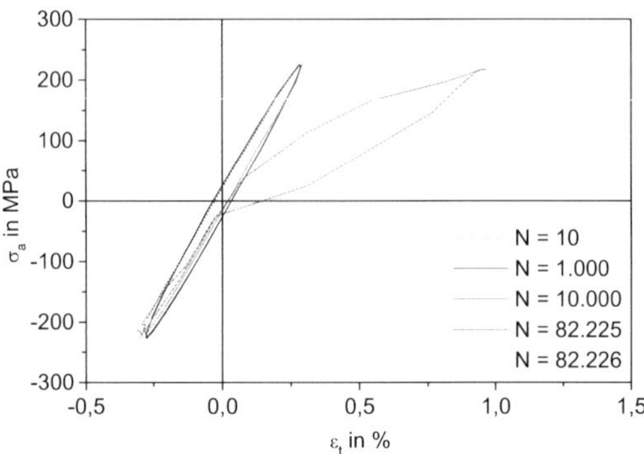

Bild 5-82: Hysteresen eines 2099+Fe-T8I-Verbundes (σ_a = 226 MPa)

Bild 5-82 zeigt ausgewählte Hysteresen einer 2099+Fe-T8I-Probe. Wie auch bei 6056+Fe-T8I kommt es weder zu einer ausgeprägten Wechselverfestigung noch zu zyklischem Kriechen. Wiederum ist ein deutliches Abknicken der Hysterese gegen Ende der Lebensdauer zu erkennen, wobei in diesem Fall sogar die Wechselentfestigung des Verstärkungselements zu beobachten ist, was die beiden direkt aufeinander folgenden Hysteresen belegen. Die Auswertung der Steigungen der Hysterese in diesem Bereich bezogen auf die Drahtfläche ergibt bei der ersten Hysterese noch die Steifigkeit des Verstärkungselements. Bei der folgenden Hysterese ist diese bereits deutlich reduziert im Vergleich zum Elastizitätsmodul des Fe-Drahtes, was auf die Ermüdung bzw. Schädigung des Drahtes hinweist. Die Bruchlastspielzahl dieser Probe betrug 82.230 Lastspiele.

5.4.3.9 Ergebnisse der Schädigungsentwicklung

Da die Untersuchungen zur Schädigungsentwicklung mittels in der Messstrecke polierter Proben bei den Verbunden nicht zum Erfolg führten, wurde die Schädigungsentwicklung mit Hilfe von fraktografischen Untersuchungen charakterisiert. Die Untersuchungen zur Schädigungsentwicklung erfolgten bei einem Lastverhältnis von R = -1.

In Bild 5-83 sind REM-Aufnahmen einer 2099+Fe-T8I-Ermüdungsprobe zusammengestellt. In der Mitte von Bild 5-83 ist eine Übersichtsaufnahme der gesamten Bruchfläche zu erkennen, außen in Bild 5-83 sind vergrößerte Details dargestellt.

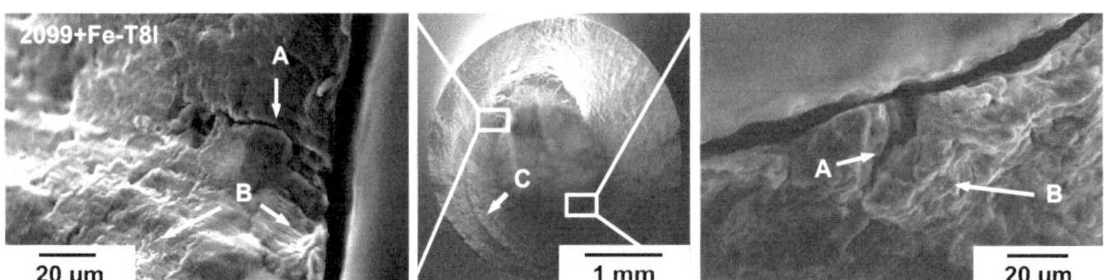

Bild 5-83: REM-Aufnahmen einer 2099+Fe-T8I-Probe

In den Vergrößerungen der Bruchfläche (Bild 5-83 außen) sind mehrere Risse, welche ihren Ausgang in der Draht-Matrix-Grenzfläche haben (Position A), sowie Ermüdungsspuren (Position B) im Matrixmaterial in der Nähe des Verstärkungselements zu erkennen. Durch das Unterbrechen der Versuche und Reinigen der Proben im Ultraschallbad kommt es zur Ausbildung von Rastlinien (Position C). Deren Orientierung für eine Rissausbreitung ausgehend von der Matrix-Draht-Grenzfläche hin zur Probenoberfläche spricht.

Weitere exemplarische Aufnahmen einer 6056+Co-T8I-Probe werden in Bild 5-84 gezeigt. Auch hier kommt es zu Sekundärrissen (Position A), welche sich von der Grenzfläche aus bilden, sowie zu Ermüdungsspuren im Matrixmaterial in der Nähe des Drahtes (Position B). Zudem ist ganz links in Bild 5-84 ein Anriss des Co-Drahts zu erkennen.

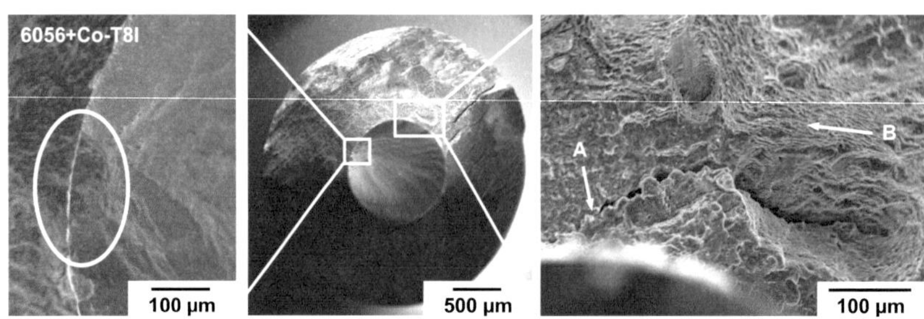

Bild 5-84: REM-Aufnahmen einer 2099+Fe-T8I-Probe

6. Diskussion der Versuchsergebnisse

6.1. Metallografie

6.1.1. Matrixwerkstoffe

Beiden Matrixlegierungen EN AW-6056 und EN AW-2099 zeigen direkt nach dem Strangpressen im Zustand F ein sehr feinkörniges Gefüge sowohl in der direkten Umgebung des Verstärkungselements als auch in der Mitte zwischen Verstärkungselement und Rand des Profils. In diesen Zonen kam es auf Grund der starken plastischen Deformation durch das Strangpressen zur Rekristallisation und somit zur Kornfeinung [Ost07] [Bar08] [Roo08] [Kam02]. Dieser Effekt wird durch die Zulegierung von Mn verstärkt [Pad08]. Der gleiche Befund konnte an Federstahldraht verstärkten Profilen schon von [Wei08] mit EN AW-6060-Matrix und von [Ham09b] mit EN AW-6082-Matrix festgestellt werden. [Mer11b] konnte darüber hinaus diesen Befund auch an Federstahldraht verstärkten AZ31-Profilen zeigen.

Durch die Wärmebehandlung (Zustand F → T6) erscheinen die Körner der Legierung 6056-T6 im Schliff größer, was auf ein verändertes Anätzverhalten oder auf Kornwachstum auf Grund der erhöhten Temperatur bei der Lösungsglühbehandlung zurückzuführen ist [Roo08] [Mac11] [Kam02]. Das zusätzliche Recken bei der Herstellung des Zustands T8 äußert sich erwartungsgemäß nicht in einer Gefügeänderung, da eine Längung der Körner in axialer Richtung um wenige Prozent nicht im Lichtmikroskop aufgelöst werden kann. Bei der Legierung 2099-T8 sind keine herausgeätzten Ausscheidungen zu erkennen, was auf eine feinere Verteilung der Ausscheidungen in diesem Zustand oder keinen Ätzangriff der Ausscheidungen in der 2099-T8-Matrix schließen lässt. Darüber hinaus zeigt sich bei der Legierung 2099-T8 erneut ein anderes Anätzverhalten als beim Zustand T6 oder Zustand F. Dieser Effekt tritt auch bei beiden Legierung im Zustand T8I auf. Hier scheinen beide Legierungen größere Körner aufzuweisen, was analog zum Zustand T6 auf eine Kornvergröberung während der Lösungsglühbehandlung hinweist [Roo08] [Mac11] [Kam02]. Dies zeigt, dass es einen Unterschied in der Dauer den Lösungsglühbehandlungen zwischen den Zuständen T8 und T8I gegeben haben muss.

Es konnten darüber hinaus keine signifikanten Veränderungen in den metallografischen Schliffen festgestellt werden, obwohl zu erwarten wäre, dass sich Veränderungen in den Ausscheidungsstrukturen ergeben. Diese sind jedoch offensichtlich nicht lichtmikroskopisch erfassbar.

6.1.2. Einbettung der Verstärkungselemente

Direkt nach dem Verbundstrangpressprozess (Zustand F) kommt es zu einer sehr guten Einbettung beider Verstärkungselemente in beiden verwendeten Matrixlegierungen. Nach der Wärmebehandlung ohne Recken (Zustand T6) ist in allen Aufnahmen ein Spalt zwischen Matrix und Verstärkungselement zu erkennen, der bei den Co-Draht verstärkten Verbunden leicht größer erscheint. Bei den Verbunden mit 2099-Matrix tritt zudem eine Diffusionsschicht zwischen Draht und Matrix zu Tage, die bei 2099+Co-T6 deutlich ausgeprägter ist.

Eine Abschätzung der Diffusionswege x während der Wärmebehandlung für die 2099-Matrixlegierung kann gemäß Gleichung 6-1 [Cra79] [Lec12] vorgenommen werden.

$$x = 2 \cdot \sqrt{D \cdot t} \qquad 6\text{-}1$$

Für die in den Drahtwerkstoffen hauptsächlich vorhandenen Atomarten Eisen, Chrom, Nickel und Kobalt ergeben sich Diffusionswege von 4,54 µm, 0,18 µm, 27,05 µm und 31,83 µm. Die ersten drei Atomarten repräsentieren hierbei die Hauptbestandteile des Fe-Drahtes, die letzten drei die Hauptbestandteile des Co-Drahtes. Es wurden zur Abschätzung Diffusionskoeffizienten aus [Lec12] und die Temperaturen und Zeiten der Lösungsglühbehandlung der 2099-Matrix verwendet. Im Vergleich zu den gemessenen Schichtdicken in den metallografischen Schliffen erscheinen die berechneten Diffusionswege sehr groß. Dabei muss jedoch beachtet werden, dass es sich hierbei nicht ausschließlich um Diffusion von verschiedenen Atomarten in Aluminium handelt, sondern es darüber hinaus zur Bildung intermetallischer Phasen kommt, welche sich erst ab einer bestimmten Konzentration an Fremdatomen bilden können. Auf Grund des Konzentrationsgefälles der Fremdatome von der Grenzfläche ins Aluminium [Got07], wird die chemische Zusammensetzung der intermetallischen Phase bei Bruchteilen des berechneten Diffusionsweges erreicht, d.h. die Dicke der Diffusionsschicht muss viel kleiner als die berechneten Diffusionswege sein. Auf Grund des deutlich größeren Diffusionsweges des Kobalts ist die Bildung einer Diffusionsschicht zwischen Co-Draht und Aluminium im Vergleich zum Fe-Draht deutlich begünstigt.

Da in der Literatur sehr viele aluminiumreiche intermetallische Phasen geschildert werden (z.B. [Gri96] [Hwa97] [Ele06] [Chu07]), konnte hier keine Zuordnung getroffen werden. [Sch08] hat gezeigt, dass zwischen Aluminium und Stahl auftretende intermetallische Phasen im Lichtmikroskop nicht aufzulösen bzw. zuzuordnen sind.

TEM-Untersuchungen belegen, dass in der Schicht zwischen der 2099-Matrix und dem Co-Draht Chrom reiche oder Kobalt und Nickel reiche Bereiche zu unterscheiden sind. Die genaue chemische Zusammensetzung der Bereiche konnte nicht identifiziert werden. Die intermetallischen Verbindungen CoAl, Ni_3Al und Fe_3Al weisen bei Raumtemperatur ein sehr sprödes Verhalten [Mis95] [Sau95] auf und könnten somit in der Diffusionsschicht vorliegen.

Eine Volumenzunahme in der Grenzfläche durch die Bildung der Diffusionsschicht konnte nicht untersucht werden, da nicht bekannt ist, welche Phasen sich in der Diffusionsschicht bilden. Der Effekt der Eigenspannungen in der Granzfläche auf die Bildung der Diffusionsschicht sowie die mechanische Beanspruchung der Schicht durch die Eigenspannungen wurde ebenfalls nicht berücksichtigt.

Die Bildung eines Spalts ist mittels der unterschiedlichen thermischen Ausdehnungskoeffizienten nicht zu erklären. Da die thermische Ausdehnung von Aluminium höher ist als die der Verstärkungselementwerkstoffe, kommt es durch das Abschrecken zu einem stärkeren Zusammenziehen der Matrix, was gegen die Entstehung eines Spaltes sprechen würde [Maj01].

Im Gegensatz zum Zustand T6 fällt im Zustand T8 der Spalt zwischen Verstärkungselement und Matrix deutlich kleiner aus oder tritt bei den Co-Draht-Verbunden nicht auf. Bei diesen kommt es dagegen zur Bildung einer Diffusionsschicht zwischen Draht und Matrix, welche dicht erscheint und eine Dicke von ca. 1 µm aufweist. Bei den Verbunden mit Fe-Draht ist keine Diffusionsschicht im Lichtmikroskop zu identifizieren. Dies kann durch die unterschiedlichen Diffusionswege von Kobalt und Eisen während der Lösungsglühbehandlung erklärt werden.

Die Verbunde im Zustand T8I weisen unabhängig von der Verbundkombination einen Spalt und eine Diffusionsschicht zwischen Verstärkungselement und Matrix auf. Verbunde mit 2099-T8I-Matrix zeigen eine dickere Diffusionsschicht als die 6056-T8I-Verbunde, was durch die Abschätzung der Diffusionswege nach Gleichung 6-1 nicht erklärt werden kann. Wird jedoch das feinkörnigere Gefüge der Legierung 2099 berücksichtigt, welches die Diffusion entlang von Korngrenzen begünstigt, sind damit die größeren Schichtdicken erklärbar. Darüber hinaus kommt es bei den 2099-T8I-Verbunden zu einem Riss zwischen Diffusionsschicht und Draht (2099+Co+T8I), bzw. Schicht und Matrix (2099+Fe-T8I), wie bereits in Bild 5-63 dargestellt. Zudem befinden sich in der Schicht selbst Risse senkrecht zur Drahtachse, die auf den hohen Reckgrad der 2099-T8I-Profile und das spröde mechanische Verhalten der Schicht zurückzuführen sind.

6.2. Mikrohärtemessungen

6.2.1. Matrixmaterialien

Der Verlauf der Mikrohärtemessungen über alle untersuchten Zustände der Matrixlegierungen hinweg ist in Bild 6-1 abgebildet.

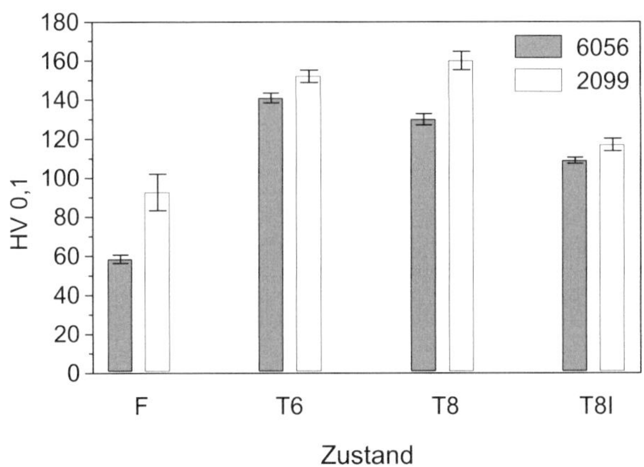

Bild 6-1: Mikrohärte der Matrixlegierungen je nach Zustand innerhalb der Prozesskette

Die Mikrohärtewerte der Matrixwerkstoffe können durch die Wärmebehandlung mit oder ohne Recken deutlich erhöht werden. Die deutlichste Erhöhung ist zwischen Zustand F und Zustand T6 für beide Matrixlegierungen zu erkennen. Der Vergleich von Zustand T6 und T8 bzw. T8I zeigt den Einfluss des Reckens, wobei die Legierung 2099 eine Härtezunahme und die Legierung 6056 eine Härteabnahme durch das Recken aufweisen. Im Zustand T8 erreicht die Legierung 6056 den in [Alc11] angegebenen typischen Härtewert, bei 2099 wird im Zustand T8I ebenfalls der von [Sta00] angegebene Wert erreicht. Sowohl im Zustand T6 als auch im Zustand T8 werden höhere Härtewerte erreicht als im Zustand T8I. Dies lässt darauf schließen, dass zum

Erreichen des Zustands T8I nicht die optimalen Wärmebehandlungsparameter verwendet wurden.

6.2.2. Drähte

Der Verlauf der Mikrohärten der Drahtwerkstoffe in Abhängigkeit des jeweiligen Prozessschrittes ist in Bild 6-2 aufgetragen.

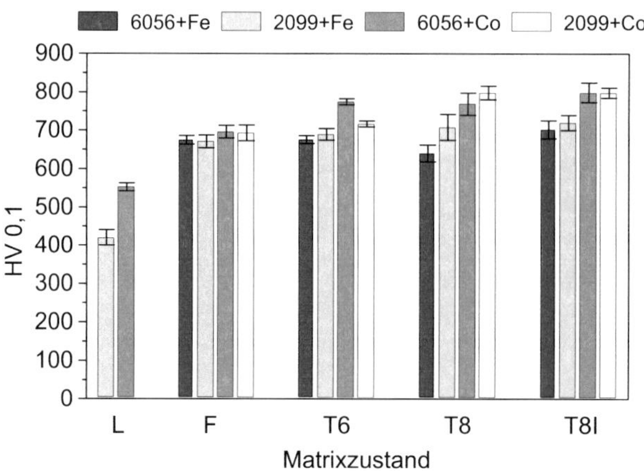

Bild 6-2: Mikrohärte der Drähte je nach Zustand innerhalb der Prozesskette

Der Co-Draht weist in allen Zuständen höhere Mikrohärtewerte auf als der Fe-Draht. Durch den Strangpressprozess wird bei beiden Drahtwerkstoffen die Mikrohärte deutlich gesteigert, beim Fe-Draht stärker als beim Co-Draht. Der verwendete Matrixwerkstoff hat dabei keinen Einfluss auf die sich einstellenden Mikrohärte des Drahtes im Verbund (Zustand F). Die Wärmebehandlung zum Zustand T6 wirkt sich hauptsächlich härtesteigernd auf den 6056+Co-Draht aus, da die Lösungsglühbehandlung der 6056-Matrix deutlich länger dauert als die der Legierung 2099 und deshalb beim Co-Draht im 6056-Verbund die Härte- und Festigkeitssteigerung durch Ausscheidungsbildung begünstigt wird. Die gemessenen Härtewerte liegen im von [Vac06] angegebenen Bereich.

Wird zusätzlich zur Wärmebehandlung gereckt (Zustand T8) zeigt sich bei den Drähten innerhalb der 2099-Matrix ein weiterer Härteanstieg, welcher durch den höheren Reckgrad zu erklären ist. Bei den Drähten im gleichen Zustand innerhalb der 6056-Matrix kommt es zu einer leichten Reduktion der Mikrohärte. Dies könnte auf eine Abnahme der abkühlbedingten Druckeigenspannungen, hervorgerufen durch das Abschrecken nach der Lösungsglühbehandlung, innerhalb der Verstärkungselemente durch das Recken der Profile zurückzuführen sein. Der Vergleich zwischen den Zuständen T8 und T8I zeigt, dass es hier zu einem weiteren, wenn auch bisweilen minimalen, Härteanstieg der Drähte kommt. Dies weist darauf hin, dass es Unterschiede in der durchgeführten Wärmebehandlung oder beim Recken gegeben haben muss. Im Zustand T8I, wie auch schon im Zustand F, weisen die Drähte zufälligerweise unabhängig von der Matrix und der damit verbundenen Wärme- und Reckbehandlung sehr ähnliche Eigenschaften auf.

6.3. Bewertung der Radiografie-Aufnahmen

Die Drahtbrüche des Co-Drahtes in den Radiografie-Aufnahmen von 2099-T8I-Profilen (vgl. Bild 5-65) können mit dem hohen Reckgrad der 2099-T8I-Matrixlegierung von 2,5 % erklärt werden. Die Analyse der Zugverfestigungskurven der 2099+Co-F-Proben nach dem Strangpressen (Bild 5-22) macht deutlich, dass bei einem Verstärkungsanteil von 11,1 % der Draht innerhalb des Verbundes bereits bei einer Totaldehnung von 2,0 % versagt, also bei einer geringeren Totaldehnung als im Drahtzugversuch (vgl. Bild 5-12).

Nach [Lil94] und [Rös06] tritt bei einem Verbund mit spröden Fasern und sehr geringem Verstärkungsanteil zunächst eine Entlastung durch Brüche der Fasern auf, ohne dass der Verbund selbst versagt. Im weiteren Verlauf der Beanspruchung werden die Fasern über die Grenzfläche erneut belastet, bis die Zugfestigkeit erneut erreicht ist. Dieser Vorgang setzt sich fort, bis der gewünschte Reckgrat erreicht ist. Wie bereits in Gleichung 2-4 beschrieben, korreliert der Abstand zwischen den Drahtbrüchen, die kritische Faserlänge, mit dem Quotienten aus Zugfestigkeit der Faser und Scherfestigkeit der Grenzfläche. Angewendet auf den Verbund 2099+Co-T8I ergibt sich im Mittel eine kritische Faserlänge von 38,9 mm, was sehr gut mit den Abständen der Drahtbrüche in Bild 5-65 übereinstimmt (Mittelwert: 34,9 mm). [Ven70] beschreibt das gleiche Verhalten für duktile Fasern. Dies konnte hier jedoch beim Fe-Draht nicht bestätigt werden.

Das Auftreten von Knackgeräuschen während des Reckens der Profile kann im Nachhinein dem Versagen des Co-Drahtes zugeordnet werden. Dieser Effekt war nur bei den Profilen mit 2099-Matrix zu beobachten, da hier bedingt durch die gewünschte Optimierung der Matrixeigenschaften der deutlich höhere Reckgrad verwendet wurde.

6.4. Zugversuche

6.4.1. Matrixmaterialien

Die gemessenen Elastizitätsmoduln der Matrixlegierungen erscheinen recht gering (vgl. Tabelle 5-1). Für die Legierung 6056 wird in [Alc11] ein Elastizitätsmodul von 69,6 GPa angegeben, [Alc05] nennt für die Legierung 2099 einen Elastizitätsmodul von 78 GPa. Die Versuchergebnisse liegen mit einer maximalen Abweichung von 11 % in einem annehmbaren Bereich.

Bild 6-3 zeigt die Verläufe von Streckgrenze und Zugfestigkeit der Matrixlegierungen in Abhängigkeit des Zustandes innerhalb der Prozesskette. Nach der Wärmebehandlung ohne Recken (Zustand T6) weisen beide Matrixlegierungen erhöhte Festigkeitswerte im Vergleich zum Zustand F nach dem Strangpressen auf. Bei der Legierung 6065 kommt es zu mehr als einer Verdreifachung der Streckgrenze, die Zugfestigkeit wird um ca. 100 MPa erhöht. Die Steigerung der Streckgrenze und der Zugfestigkeit der Legierung 2099 durch die Wärmebehandlung ohne Recken (Zustand T6) ist deutlich geringer, die Festigkeitskennwerte liegen dabei jedoch auf einem höheren Niveau als bei 6056-T6.

Im Zustand T8 kommt es durch das Recken bei beiden Matrixlegierungen zu einem erneuten Anstieg der Festigkeiten, welcher nahezu parallel verläuft. Die Matrixlegierung 6056 übertrifft dabei die in [Alc11] geforderten Mindestfestigkeiten um jeweils ca. 10 %. Im Gegensatz dazu weicht die Legierung 2099 zu den in [Alc05] [Sae06] und [Sta00] genannten durchschnittlichen Festigkeiten um 9 % (R_m) bzw. 21 % (R_{eS}) nach unten ab.

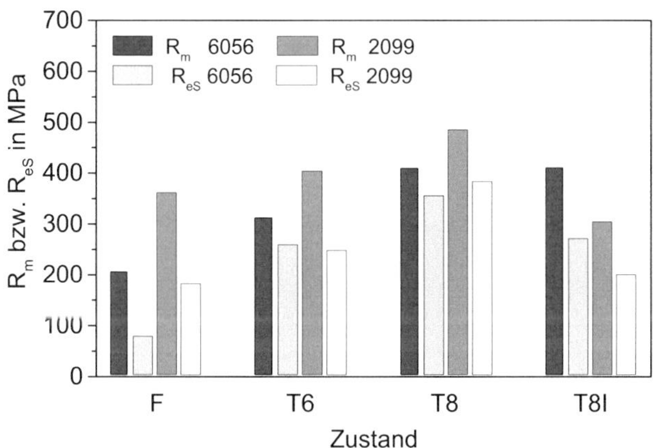

Bild 6-3: Festigkeitskennwerte der Matrixlegierungen je nach Zustand innerhalb der Prozesskette

Am Ende der Prozesskette (Zustand T8I) konnte, im Vergleich zum Zustand F nach dem Strangpressen (vgl. Tabelle 5-1), bei der Legierung 6056 beinahe eine Verdoppelung der Zugfestigkeit erreicht werden. Bei der Legierung 2099 kam es durch Wärmebehandlung und Recken im Zustand T8I zur Abnahme der Zugfestigkeit, was erneut auf eine suboptimale Wärmebehandlung hinweist. Lediglich die Streckgrenze wurde leicht gesteigert. Vergleicht man die Zustände T8 und T8I, bestätigt dies den geäußerten Verdacht ebenfalls, insbesondere bei der Legierung 2099.

Bild 6-4 stellt den Verlauf der Bruchtotaldehnung der Matrixlegierungen in Abhängigkeit der Prozesskette dar. Die Bruchtotaldehnung der Matrixlegierung 6056 nimmt mit der Wärmebehandlung ohne Recken (Zustand T6) ab, wie bereits aus den zunehmenden Festigkeitskennwerten zu erwarten war (Bild 6-3). Durch das Recken kommt es danach zu einer leichten Erhöhung. Die Bruchtotaldehnungen zwischen Zustand F und T6 bei der Legierung 2099 sind nahezu identisch, obwohl die Festigkeit angestiegen ist (vgl. Bild 6-3).

Nach [Bau01] könnte dies durch die Bildung von teilkohärenten Ausscheidungen begründet sein, welche nicht von Versetzungen geschnitten werden können und somit das Quergleiten fördern, was zu einer Erhöhungstendez der Duktilität bei gleichzeitiger Erhöhung der Fließspannung führt, die eigentlich die Duktilität verringern sollte.

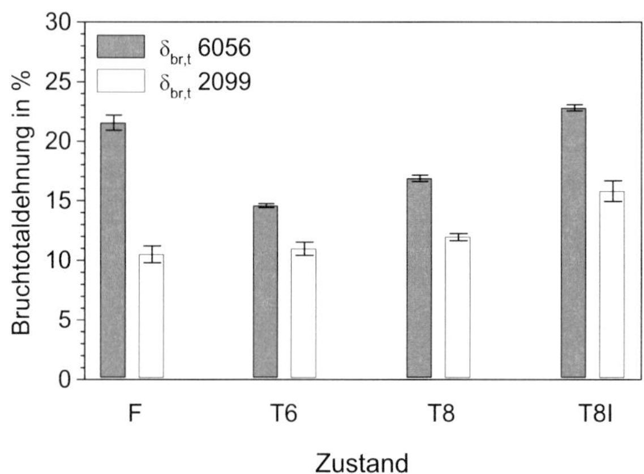

Bild 6-4: Bruchtotaldehnungen der Matrixlegierungen je nach Zustand innerhalb der Prozesskette

In [Rom05] und [Sta00] wird für die Legierung 2099-T6 eine Bruchdehnung von 10-13 % angegeben, was sehr gut zu den gemessenen Werten passt. Zustand T8 zeigt für beide Legierungen einen geringen Anstieg der Bruchtotaldehnung im Vergleich zum Zustand T6.

Im Zustand T8I weisen beide Legierungen eine höhere Bruchtotaldehnung als im Zustand T8 auf, was zu den geringeren Festigkeiten im Vergleich zum Zustand T8 passt. Bei der Legierung 6056-T8I liegt der Wert der Bruchtotaldehnung auf gleichem Niveau wie beim Zustand F. Die Bruchtotaldehnung der Legierung 2099 steigt von Zustand F bis Zustand T8I kontinuierlich an.

6.4.2. Drähte

Der Verlauf der Festigkeitskennwerte der Drahtwerkstoffe in Abhängigkeit des Matrixzustandes innerhalb der Prozesskette ist in Bild 6-5 gezeigt. Die Kennwerte der Zustände F, T6, T8 und T8I wurden an frei geätzten Drähten von 6056+Proben bestimmt (vgl. Kapitel 4.4.2), weshalb der Einfluss des Reckgrades der 2099-Matrixlegierung auf die mechanischen Eigenschaften der Drähte hier nicht berücksichtigt werden kann.

Aus den Ergebnissen der Drahtzugversuche im Zustand L bzw. im Zustand F kann geschlossen werden, dass sich die Verstärkungselemente während des Strangpressprozesses plastisch verformen und es somit zu einer Kaltverfestigung der Verstärkungselemente kommt. Untersuchungen von [Sch06] wiesen bereits auf ein Erreichen der Streckgrenze der Verstärkungselemente oder darüber hinaus beim Strangpressen hin. Unter Annahme des Werkstoffverhaltens von Zustand L und unter Vernachlässigung thermischer Effekte während des Strangpressprozesses allein kann allerdings die vorhandene Festigkeitssteigerung durch Kaltverfestigung nicht erklärt werden, da die erreichten Zugfestigkeiten im Zustand F deutlich höher ausfallen als im Zustand L. Zusätzlich zur Kaltverfestigung kann auf Grund der erhöhten Temperatur beim Strangpressen bei beiden Drahtwerkstoffen eine Erhöhung der Festigkeit durch Ausscheidungshärtung auftreten [San11] [Vac06].

Somit ist bewiesen, dass zum einen der Strangpressprozess selbst einen deutlichen Einfluss auf die Festigkeiten der Verstärkungselemente hat. Zum anderen kann durch die Einbettung der Verstärkungselemente in der Matrix und einer damit verbundenen Veränderung des Einschnürverhaltens das Verhalten der Drähte im Verbund verändert sein. Dadurch wird die Güte der Vorhersage der mechanischen Eigenschaften des Verbundes aus Kennwerten seiner Einzelkomponenten verschlechtert. Näher wird auf diesen Sachverhalt in Kapitel 6.4.4 eingegangen.

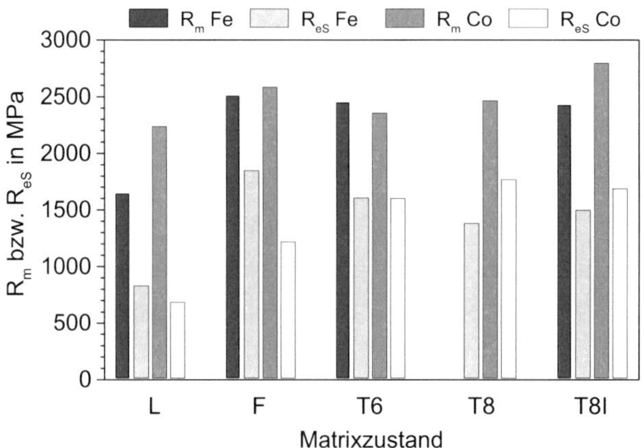

Bild 6-5: Festigkeitskennwerte der Drahtwerkstoffe je nach Zustand innerhalb der Prozesskette

Im Zustand T6 liegen die beiden Drahtwerkstoffe auf sehr ähnlichen Festigkeitsniveaus. Im Zustand T8 hingegen kam es beim Fe-Draht zu einem Pull-Out des Drahtes aus den Probenköpfen, wodurch die Zugfestigkeit nicht gemessen werden konnte. Zum Zustand T8I hin nimmt die Zugfestigkeit des Co-Drahtes weiter zu, wobei die Streckgrenze minimal abnimmt.

Im Vergleich zu den Drahtwerkstoffen im Zustand L zeigt sich, dass durch das Verbundstrangpressen, die Wärmebehandlung und das Recken die Festigkeiten der Drähte deutlich gesteigert werden. Besonders die Streckgrenze ist deutlich erhöht, wird jedoch durch das Strangpressen stärker beeinflusst als durch die Wärmebehandlung.

Die Zunahme der Festigkeit der Verstärkungselemente durch den Strangpressprozess bzw. die Wärmebehandlung und das Recken war bereits aus der Zunahme der Mikrohärtewerte entlang der Prozesskette zu erwarten (vgl. Bild 6-2). Auch hier wurde der größte Anstieg durch den Verbundstrangpressprozess selbst verursacht (vgl. Bild 6-2). Dieser Effekt ist beim Fe-Draht deutlicher ausgeprägt.

Die fraktografischen Untersuchungen der Drahtbruchflächen zeigten, dass es bei beiden Drahtwerkstoffen zu duktilen Brüchen kommt. Obwohl das Verhalten im Zugversuch sehr spröde erscheint, sind auf den Bruchflächen die Waben eines duktilen Bruchs zu erkennen [Llo92].

In Bild 6-6 sind die aus den HV 0,1-Werten der Drahtzustände nach [Sta12] ermittelten Zugfestigkeiten (HV) den im Zugversuch gemessenen Zugfestigkeiten (ZV) gegenüber gestellt.

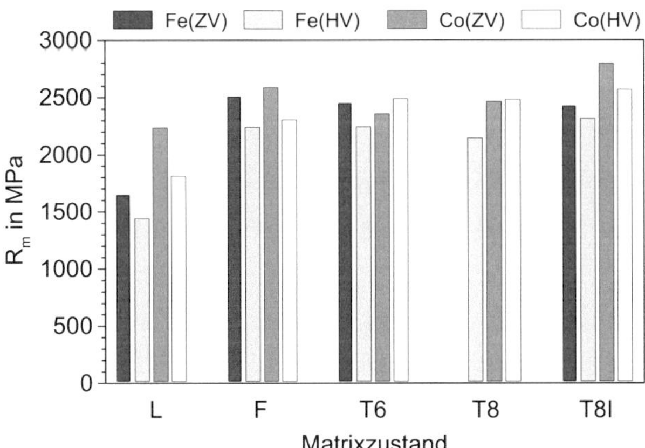

Bild 6-6: Vergleich zwischen aus den Mikrohärten nach [Sta12] umgerechneten Festigkeitswerten (HV) mit Zugversuchswerten (ZV) des Drahtmaterials

Die Drähte innerhalb der 2099-Verbunde konnten hier nicht untersucht werden, da es nicht möglich war, die Matrix innerhalb der Messstrecke zufriedenstellend durch Ätzen zu entfernen.Die größte Abweichung ergibt sich zwischen der Abschätzung nach [Sta12] und den gemessenen Zugfestigkeiten des Co-Drahtes im Zustand L. Die Abweichung zwischen der Abschätzung und den gemessenen Zugfestigkeiten beim Fe-Draht ist im Zustand L deutlich geringer und die gemessenen Zugfestigkeitswerte liegen für diesen Draht stets über denen der Abschätzung nach [Sta12]. Die Tendenzen verhalten sich bei beiden Drahtwerkstoffen ähnlich und werden von der Abschätzung gut wiedergegeben. Lediglich beim Co-Draht in den Zuständen T6 und T8 fällt eine leichte Überschätzung der Festigkeit auf Basis der Mikrohärte auf. Da sich die Drähte hier sehr spröde verhalten, erscheint es möglich, dass die gemessene Festigkeit nicht der realen Festigkeit entspricht, sondern die tatsächliche Festigkeit geringfügig höher liegen könnte.

Die Drähte im Zustand T8I zeigen eine Abweichung unter 10 %. Hier kann davon ausgegangen werden, dass die Korrelation zwischen Mikrohärtewerten und Zugfestigkeit der Drahtwerkstoffe zutrifft.

6.4.3. Verbunde

Die Verläufe der Festigkeitskennwerte der Verbunde entlang der Prozesskette zeigen Bild 6-7 für die Matrixlegierung 6056 und Bild 6-8 für die 2099-Verbunde.

Sowohl im Zustand F, als auch im Zustand T6, sind Zugfestigkeit und Streckgrenze beider 6056-Verbunde sehr ähnlich. Darüber hinaus ähnelt der Verlauf der Zunahme sehr stark den Festigkeitszunahmen der Matrixlegierungen zwischen den Zuständen F und T6 (vgl. Bild 6-3). Zum einen zeigt sich die sehr stark unterschiedliche Dehnung der Verstärkungselemente im Verbund bis zu ihrem Versagen nicht in den Verbundfestigkeiten, zum anderen hängt die Festigkeit des Verbundes maßgeblich von der Matrixfestigkeit ab, da sich die unterschiedlichen Drahtfestigkeiten (vgl. Bild 6-5) hier nicht auswirken.

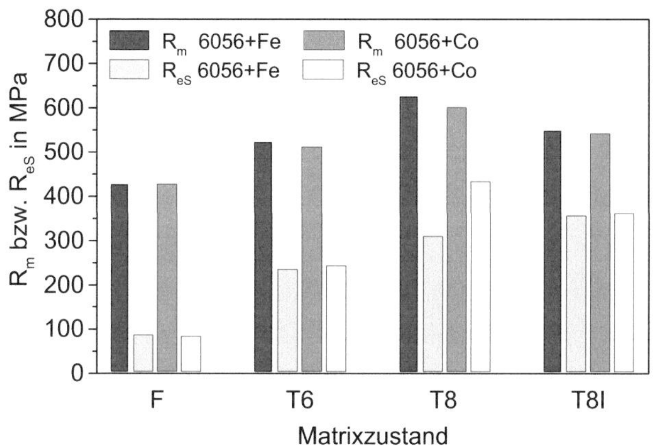

Bild 6-7: Festigkeitskennwerte der 6056-Verbunde je nach Zustand innerhalb der Prozesskette

Durch die Wärmebehandlung (Zustand T6) wird also die Matrixfestigkeit (vgl. Bild 6-3) und damit auch die Verbundfestigkeit deutlich gesteigert, wie beim Verbund EN AW-6082+1.4310 schon von [Mer11b] beschrieben. Das Streckgrenzenverhältnis nimmt, wie auch bei [Mer11b], durch die Wärmebehandlung (Zustand T6) im Vergleich zum Zustand F deutlich zu (Faktor 2). Der Anstieg der Verbundfestigkeit zeigt sich etwas ausgeprägter durch das zusätzliche Recken beim Zustand T8 und ist auch hier erneut auf die Festigkeitssteigerung der Matrix zurückzuführen (vgl. Bild 6-3), da sich die Verstärkungselementfestigkeiten in Vergleich zum Zustand T6 nicht signifikant verändert haben (vgl. Bild 6-5). Der Zustand T8I hingegen weist geringere Festigkeiten auf als der Zustand T8, was für die Verwendung von anderen Wärmebehandlungsparametern der Industriepartner bei der Erzeugung spricht, wie bereits mehrfach angesprochen. Auch hier wird durch eine Reduzierung der Matrixfestigkeit (vgl. Bild 6-3) die Verbundfestigkeit reduziert und die Verstärkungselemente zeigen keinen besonderen Einfluss.

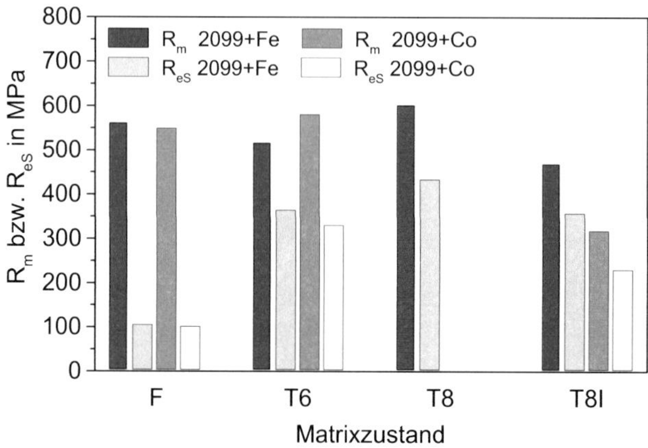

Bild 6-8: Festigkeitskennwerte der 2099-Verbunde je nach Zustand innerhalb der Prozesskette

Während die Streckgrenze bei den 2099-Verbunden durch die Wärmebehandlung signifikant gesteigert werden kann (Zustand T6), ist dieser Effekt bei der Zugfestigkeit nicht zu erkennen. Da die Matrix zweifelsfrei durch die Wärmebehandlung eine Festigkeitssteigerung erfährt (vgl. Bild 6-3) und die Verstärkungselemente ihre Festigkeit zwischen Zustand F und T6 nicht maßgeblich verändern (vgl. Bild 6-5), muss dies auf den Einbruch der Grenzflächenscherfestigkeiten durch die Wärmebehandlung zum Zustand T6 zurückzuführen sein (vgl. Bild 6-23). [Sho75] führt dies auf die Entstehung einer Diffusionsschicht zurück, welche die Zugfestigkeit des Verbundes reduziert. In Bild 5-42 konnte im Schliff des 2099-T6-Verbundes eine Diffusionsschicht nachgewiesen werden. Die Festigkeitswerte des Verbundes 2099+Fe-T8 sind durch das Recken leicht erhöht, nehmen jedoch zum Zustand T8I hin wieder ab. Der Verbund 2099+Co konnte im Zustand T8 nicht geprüft werden, da beim Recken der Draht reißt. Im Zustand T8I ist der Effekt der Festig-

keitsabnahme in Folge der Diffusionsschichtbildung noch verstärkt, was erneut die Festigkeit reduziert.
Im Fall der 6056-T6-Verbunde ist die Streckgrenze im Vergleich zum Matrixmaterial minimal reduziert, was nach [Möc82] auf Zugeigenspannungen im Matrixmaterial zurückzuführen ist. Die 2099-T6-Verbunde zeigen einen gegenteiligen Effekt, welcher zudem stärker ausgeprägt ist. Hier scheint die Festigkeitssteigerung der Matrix den reduzierenden Effekt der Eigenspannungen zu kompensieren.
Die Verbunde mit 6056-F-Matrix erreichen doppelt so hohe Festigkeiten im Vergleich zu unverstärkten Proben. Im weiteren Verlauf der Prozesskette steigt die Festigkeit des Matrixmaterials signifikant an, was sich jedoch nicht in vollem Umfang auf die Verbundfestigkeiten auswirkt [Ham08a] [Ham08b]. Im Zustand T8 ergeben sich die höchsten Festigkeiten für das Matrixmaterial wie auch für die Verbunde.
Die Festigkeitserhöhung durch Wärmebehandlung und Recken fällt bei der unverstärkten EN AW-2099-Matrix deutlich geringer aus. Am Ende der Prozesskette (Zustand T8I) wurden wider Erwarten die niedrigsten Festigkeiten sowohl in der Matrix als auch an den Verbunden gemessen. Hierbei ist bei den Verbunden 2099+Co-T8I zu beachten, dass der Draht bereits beim Recken versagte und somit keinerlei festigkeitssteigernde Wirkung haben konnte. In beiden Verbundkombinationen mit 2099-Matrix zeigte sich der Einfluss der Diffusionsschicht und der damit geringsten Grenzflächenscherfestigkeit, welche zum einen zu den geringsten Festigkeiten im Zugversuch führte, zum anderen das Versagensverhalten der Proben veränderte.
Die Untersuchung der Bruchflächen im Rasterelektronenmikroskop zeigte für die zwei Verstärkungselementwerkstoffe ein grundsätzlich unterschiedliches Verhalten, welches unabhängig von der Matrixlegierung auftritt. Während es beim Fe-Draht innerhalb des Verbundes zur deutlichen Einschnürung des Drahtes kam, war beim Co-Draht keine Einschnürung im Verbund zu erkennen. Dieses unterschiedliche Versagensverhalten trägt auch zur Differenz der Bruchtotaldehnung beim Versagen des Verstärkungselements zwischen

den Fe- und Co-Draht verstärkten Verbunden bei. Die 6056-F-Matrix zeigt sich, wie auch bei den Werten der Bruchdehnung, deutlich duktiler und schnürt im Verbund mehr ein als die 2099-F-Matrix.

6.4.4. Anwendung des Kelly-Modells auf die Zugversuche

Im Folgenden wird das Kelly-Modell [Kel65] auf die Ergebnisse der Zugversuche am Anfang (Zustand F) und am Ende der Prozesskette (Zustand T8I) angewendet.

6.4.4.1 Verbunde am Anfang der Prozesskette

Die mittels Zugversuch bestimmte Verbundfestigkeit σ^f_C bzw. die nach dem Kelly-Modell berechneten Verbundfestigkeiten $\sigma^f_{C,ber.}$ und $\sigma^f_{C,ber.,r}$ (nach Gleichung 2-1) sind in Tabelle 6-1 gegenüber gestellt.

Tabelle 6-1: Vergleich zwischen Zugversuch und Kelly-Modell [Kel65] nach dem Strangpressprozess (* aus [Wei06d])

Verbund	σ^f_C in MPa	$\sigma^I_M(\varepsilon^f_F)$ in MPa	$\sigma^I_M(\varepsilon^f_{F,r})$ in MPa	$\sigma^f_{C,ber.}$ in MPa	$\sigma^f_{C,ber.,r}$ in MPa	Q_1	Q_2
6056+Fe-F	435	163	208	326	366	0,75	0,84
6056+Co-F	428	175	152	402	382	0,94	0,89
2099+Fe-F	562	311	356	458	498	0,81	0,89
2099+Co-F	550	328	299	538	512	0,98	0,93
6060+1.4310*	346	71	153	283	356	0,82	1,03
6060+Haynes 25*	310	125	150	298	321	0,96	1,03

Der Unterschied der berechneten Verbundfestigkeiten $\sigma^f_{C,ber.}$ und $\sigma^f_{C,ber.,r}$ liegt in der berücksichtigten Matrixspannung. Die berechnete Verbundfestigkeit $\sigma^f_{C,ber.}$ berücksichtigt die Spannung $\sigma^I_M(\varepsilon^f_F)$ der Matrix bei der Bruchtotaldehnung des Verstärkungselements im Drahtzugversuch ε^f_F (analog zu [Kel65]), wohingegen bei $\sigma^f_{C,ber.,r}$ die reale Bruchtotaldehnung des Verstärkungselements im Verbund $\varepsilon^f_{F,r}$ bei der Ermittlung der Matrixspannung $\sigma^I_M(\varepsilon^f_{F,r})$ verwendet wird. Zur Beurteilung der Güte der Vorhersage durch das Modell werden zwei dimensionslose Quotienten eingeführt. Q_1 beschreibt den Quotient aus $\sigma^f_{C,ber.}$ und σ^f_C. Q_2 entsteht aus der Division von $\sigma^f_{C,ber.,r}$ und σ^f_C. Ergibt sich für die Faktoren ein Wert kleiner eins, wird das mechanische Verhalten durch das Modell unterschätzt (konservative Abschätzung). Ist der Wert von Q_1 oder Q_2 größer eins, bedeutet das eine Überschätzung durch die Vorhersage des Modells.

Der Quotient Q_1 zeigt in allen Fällen, dass eine konservative Abschätzung mit Hilfe der Werte aus dem Drahtzugversuch vor dem Strangpressen möglich ist. Beim Verbund 6056+Fe-F ist zu erkennen, dass die berechnete Verbundfestigkeit lediglich 75 % der tatsächlichen Verbundfestigkeit erreicht. Dies liegt an der deutlich kleineren Bruchtotaldehnung des Verstärkungselements im Drahtzugversuch im Vergleich zum Verbund und damit verbunden wird der zusätzlichen Verfestigung der Matrix bis zum Versagen des Verstärkungselements im Verbund nicht Rechnung getragen. Dieser Effekt zeigt sich auch bei den anderen Stahldraht-Verbunden (Fe-Draht und 1.4310) [Wei06d] [Mer11b]. Bei den Co-Verbunden tritt dieser Effekt nicht auf, da im Drahtzugversuch das Verstärkungselement größere Totaldehnungen bis zum Bruch erträgt als im Verbund. Wird die zusätzliche Verfestigung der Matrix bei den mit Stahldraht verstärkten Verbunden durch den Quotienten Q_2 berücksichtigt, kann die Vorhersage durch das Modell für diese Verbunde deutlich verbessert werden. Dieser Effekt wird bereits von [Sch70] beschrieben und ist auf die mehrfache Einschnürung der Fe-Drähte zurückzuführen. Die Abweichung zwischen Mischungsregel und Zugversuch am Verbund wird von [Sch70] mit 20 % angegeben und passt sehr gut zu den hier vorgestellten Ergebnissen, obwohl es sich um ein anderes Werkstoffsystem handelt. Bei den Co-Verbunden tritt ein gegenteiliger Effekt auf, da es hier zu geringeren Bruchtotaldehnungen innerhalb des Verbundes als beim Drahtzugversuch kommt, was zu höheren Werten von Q_1 im Vergleich zu Q_2 führt. Bei

den Verbunden von [Wei06d] kommt es bei der Berücksichtigung der zusätzlichen Matrixverfestigung durch Q_2 zu einer geringen Überschätzung der Verbundfestigkeit durch das Modell.
Werden im Folgenden für die mechanischen Kennwerte der Drähte die Ergebnisse der Drahtzugversuche im Zustand F verwendet, da sich hier ein signifikanter Unterschied zum Zustand L zeigte (vgl. Kapitel 5.2.2.3), ergeben sich die Werte wie in Tabelle 6-2 dargestellt. Darüber hinaus scheint es zulässig für die Drähte innerhalb beider Verbunde die mechanischen Kennwerte der Drähte nach dem Verbundstrangpressen mit 6056-Matrix zu übernehmen, da sich nach dem Strangpressen unabhängig vom Matrixmaterial nahezu die selben Mikrohärtewerte einstellten, was für eine analoge mechanische Vorbeanspruchung spricht (vgl. Tabelle 5-2).

Tabelle 6-2: Vergleich zwischen Zugversuch und Kelly-Modell [Kel65] unter Berücksichtigung der Drahtzugversuche im Zustand F

Verbund	σ^f_C in MPa	$\sigma^l_M(\varepsilon^f_F)$ in MPa	$\sigma^l_M(\varepsilon^f_{F,r})$ in MPa	$\sigma^f_{C,ber.}$ in MPa	$\sigma^f_{C,ber.,r}$ in MPa	Q_1	Q_2
6056+Fe-F	435	140	203	401	461	0,92	1,05
6056+Co-F	428	140	153	409	420	0,96	0,98
2099+Fe-F	562	279	345	562	593	0,93	1,06
2099+Co-F	550	279	288	533	551	0,97	1,00

Im Gegensatz zur Verwendung der Drahtzugversuche im Zustand L kommt es bei Berücksichtigung der Versuche im Zustand F zu einer deutlich besseren Abschätzung der Verbundfestigkeit durch das Kelly-Modell. Wird darüber hinaus die zusätzliche Verfestigung der Matrix mit berücksichtigt, zeigt sich, dass die Festigkeit der Fe-Verbunde sogar minimal überschätzt wird. Bei den Co-Verbunden liegen die Bruchtotaldehnungen der Drähte im Drahtzugversuch und im Verbund deutlich näher bei einander, was diesen Effekt abschwächt. Beim Verbund 2099+Co-F trifft die Vorhersage durch das Modell voll zu.

Dies zeigt, dass es überaus wichtig ist, die real vorliegenden Drahteigenschaften zu kennen, da es beim Verbundstrangpressen zu einer sehr starken Festigkeitssteigerung der hier verwendeten Drahtwerkstoffe kommt, welche über eine plastische Vorverformung deutlich hinaus gehen. Eigenspannungen innerhalb der Komponenten haben auf diesen Effekt keinen Einfluss, da es durch diese nur zu einer Verschiebung der jeweiligen Zugverfestigungskurven auf der Dehnungsachse kommt, die erreichbaren Festigkeiten sich jedoch nicht verändern [Möc82].

6.4.4.2 Verbunde am Ende der Prozesskette

Am Ende der Prozesskette (Zustand T8I) werden für das Kelly-Modell lediglich die Verbunde mit 6056-T8I-Matrix verwendet (Tabelle 6-3), da sich bei den 2099-T8I-Verbunden bei der Wärmebehandlung eine spröde Oxidschicht gebildet hatte, welche eine starke Herabsetzung der mechanischen Eigenschaften bewirkte (vgl. Bild 5-67).

Tabelle 6-3: Vergleich zwischen Zugversuch und Kelly-Modell [Kel65] im Zustand T8I

Verbund	σ^f_C in MPa	$\sigma^I_M(\varepsilon^f_F)$ in MPa	$\sigma^I_M(\varepsilon^f_{F,r})$ in MPa	$\sigma^f_{C,ber.}$ in MPa	$\sigma^f_{C,ber.,r}$ in MPa	Q_1	Q_2
6056+Fe-T8I	602	376	404	602	627	1,00	1,18
6056+Co-T8I	578	304	302	578	578	1,00	1,06

Bereits der Faktor Q_1 zeigt eine absolute Übereinstimmung zwischen Experiment und Modell. Durch die Berücksichtigung der Matrixverfestigung kommt es zu einer Überschätzung der Verbundfestigkeiten, welche bei 6056+Fe-T8I deutlicher ausfällt. Zum einen ist dies durch die hohen gemessenen Dehnungen beim Zugversuch im Zustand T8I zu begründen, da hier die freie Drahtlänge im Vergleich zum herkömmlichen Drahtzugversuch drastisch verkürzt wurde. Dies führt in der Regel dazu, dass im herkömmlichen Drahtzugversuch die Einschnürdehnung nicht gemessen werden kann, da es sehr unwahrscheinlich ist, dass der Draht innerhalb der Messstrecke des Ansetzdehnungsaufnehmers einschnürt. Zum anderen scheint der Verbund sein theoretisch mögliches Potenzial nicht ausschöpfen zu können, was auf die Diffusionsschicht (vgl. Bild 5-63 oben) zurückzuführen zu sein scheint, welche sich durch die Wärmebehandlung gebildet hat.

6.4.5. Eigenspannungsentwicklung in Profilen und Proben

6.4.5.1 Recken von Profilen

Die Betrachtung des Reckens der Profile lässt eine Vernachlässigung der Verstärkungselemente zu, da es sich im Profil mit zwei Verstärkungselementen um einen Verstärkungsanteil von lediglich 0,18 % handelt. Für die Matrixmaterialien wurden die Zugverfestigungskurven nach dem Lösungsglühen und Abschrecken verwendet (vgl. Bild 6-9).
Als Zugverfestigungskurven der Drahtwerkstoffe wurden die 6056-F Drahtzugversuche von geätzten Proben im Zustand F verwendet.

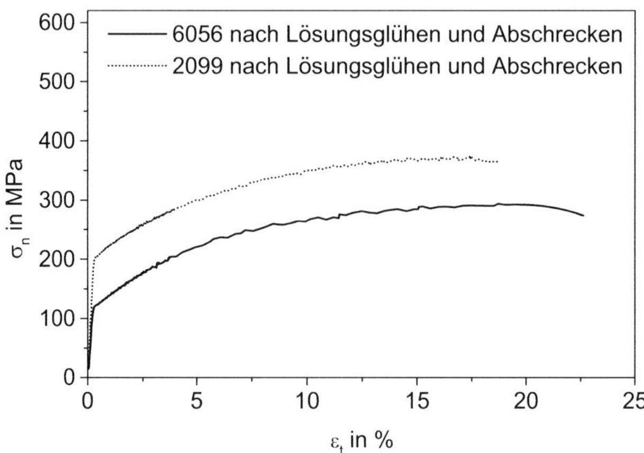

Bild 6-9: Zugverfestigungskurven der Matrixlegierungen nach dem Lösungsglühen und Abschrecken (vgl. auch [Ham08a])

Zunächst wird hierzu davon ausgegangen, dass in Matrix und Verstärkungselement die gleichen Totaldehnungen herrschen. Um einen Reckgrad in der 6056-Matrix von 0,7 % (2,5 % bei 2099) zu erreichen, ist es notwenig das Profil auf eine Totaldehnung von 0,95 % (2,88 % für 2099) zu dehnen, da im Anschluss der elastische Teil der Verformung zurückgeht (vgl. Bild 6-10). Unter der Annahme, dass auf Grund des geringen Verstärkungsanteils die Matrix auf einen quasi spannungsfreien Zustand entlastet wird, kann an den Schnittpunkten zwischen den gestrichelten Linien für den jeweiligen Reckgrad und der Entlastungskurve des Drahtes der Eigenspannungswert im Draht abgelesen werden. Es zeigt sich, dass es durch das Recken zu beträchtlichen Zugeigenspannungen in den Verstärkungselementen kommt, wie in Bild 6-10 nach [Wei09] dargestellt.

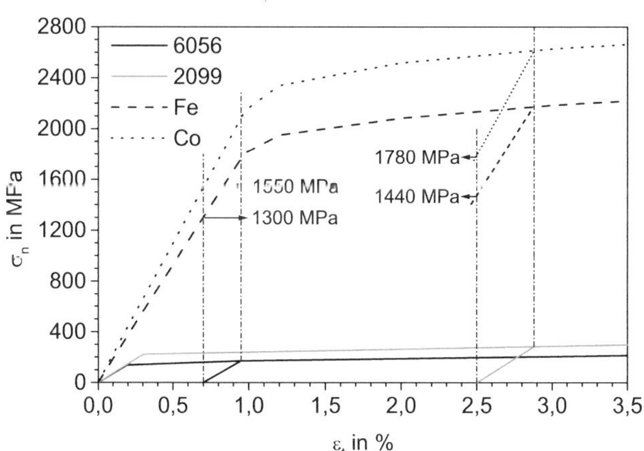

Bild 6-10: Recken der Profile nach dem Lösungsglühen nach [Wei09]

6.4.5.2 Recken von Proben

Da für die Untersuchung des Zustandes T8 Zugproben gereckt wurden, muss die Betrachtung des Reckens auf einen Verstärkungsanteil von 11,1 % übertragen werden und die Zugverfestigungskurve des Verbundes berücksichtigt werden, wie in Bild 6-11 und Bild 6-12 geschehen. Hierzu wurden die genannten Daten aus Bild 6-9 für die 6056-Matrix nach dem Lösungsglühen und die des jeweiligen Drahtes aus den Drahtzugversuchen nach dem Freiätzten im Zustand F verwendet.

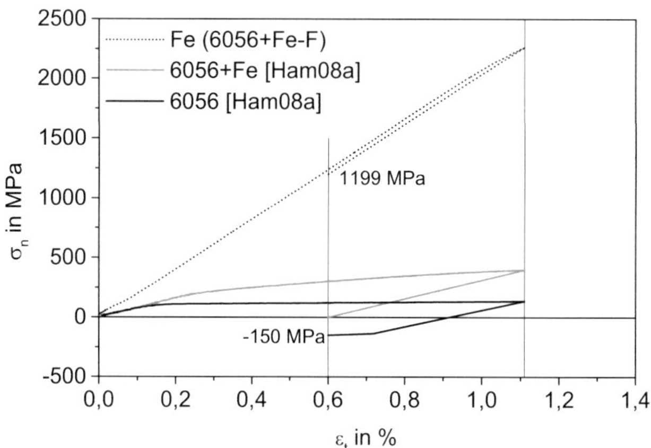

Bild 6-11: Recken des Verbundes 6056+Fe nach dem Lösungsglühen

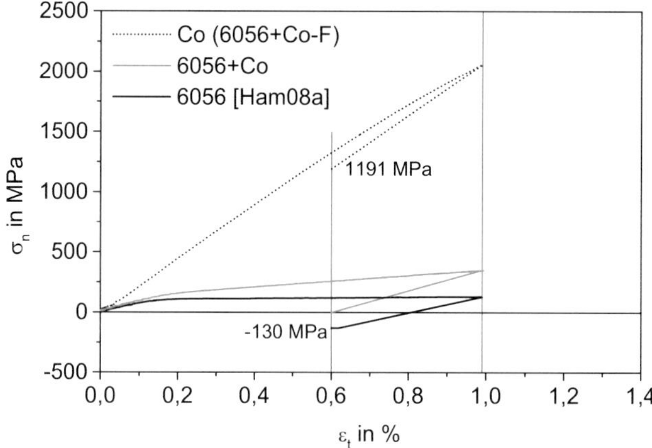

Bild 6-12: Recken des Verbundes 6056+Co nach dem Lösungsglühen

In beiden Fällen kommt es nach einer Entlastung des Verbundes zu Druckeigenspannungen im Matrixmaterial und zu Zugeigenspannungen im Verstärkungselement. Beim 6056+Fe-Verbund ist, unter der Annahme, dass Stauch- und Streckgrenze betragsmäßig gleich sind, zu erkennen, dass die Matrix im Druckbereich anfängt zu plastifizieren. Unter Betrachtung der Dehnungen tritt dieser Effekt auch beim 6056+Co-Verbund auf, wobei nach der Entlastung kein Spannungsgleichgewicht zwischen Matrix und Verstärkungselement entsteht. Die sich aus dieser Betrachtung ergebenden Spannungen in den Verstärkungselementen müssen im Weiteren mit den thermischen Eigenspannungen überlagert werden, welche sich aus der Abkühlung der Profile ergeben, wie im nächsten Unterkapitel vorgestellt.

Verbunde mit 2099-Matrix können bei dieser Betrachtung nicht berücksichtigt werden, da bei den Zugversuchen nach dem Lösungsglühen, wie auch beim Zustand T8I, ein Versagen im Probenkopf mit anschließendem Pull-Out des Verstärkungselements zu beobachten war. Passend dazu zeigt sich bei den Push-Out-Versuchen ein deutlicher Einbruch der Grenzflächenscherfestigkeiten nach dem Lösungsglühen von 2099 [Ham09a]. Durch diese Faktoren ist eine Kraftübertragung auf das Verstärkungselement nicht mehr hinreichend gegeben und das Kelly-Modell nicht mehr gültig.

6.4.5.3 Eigenspannungsentwicklung durch das Abkühlen

Beim Abkühlen der Profile oder Proben nach dem Strangpressprozess bzw. beim Abschrecken nach der Wärmebehandlung kommt es auf Grund der unterschiedlichen thermischen Ausdehnungskoeffizienten von Verstärkungselementen und Aluminiummatrix zu thermisch bedingten Eigenspannungen zwischen den Komponenten (vgl. Kapitel 2.5.5). Gemäß Gleichung 2-6 und Gleichung 2-7 lassen sich die Mittelwerte der Spannungen durch eine Temperaturänderung ΔT in der Matrix bzw. in den Verstärkungselementen berechnen. Vereinfachend wird dabei angenommen, dass die Querkontraktionszahl ν für beide Werkstoffe gleich groß ist [Maj01].

Messungen von [Wei06d] und [Zäh09] zeigten bereits, dass in der Matrix nicht von einer homogenen Eigenspannungsverteilung ausgegangen werden kann. Zur Abschätzung der Spannungen in den Verstärkungselementen scheint dieser Ansatz auf Grund des geringen Durchmessers der Verstärkungselemente und des geringen Verstärkungsanteils jedoch zulässig. Durch die Abkühlung ($\Delta T < 0$) treten demzufolge Druckspannungen in den Verstärkungselementen auf. Die berechneten Werte für die Abkühlung nach dem Strangpressen und durch das Abschrecken nach der Lösungsglühbehandlung sind in Tabelle 6-4 aufgeführt.

6.4.5.4 Überlagerung der Eigenspannungen aus Recken und Abkühlen

Durch das Recken werden Zugeigenspannungen in die Verstärkungselemente eingebracht (vgl. Bild 6-10, Bild 6-11 und Bild 6-12) und durch die Abkühlung nach dem Strangpressprozess bzw. der Wärmebehandlung treten Druckspannungen in den Verstärkungselementen auf. Die rechnerische Überlagerung der einzelnen Spannungskomponenten ist in Tabelle 6-4 zu finden.

Es ist zu erkennen, dass im Zustand F direkt nach dem Strangpressen Druckspannungen in den Drähten vorliegen müssen, was sich mit Untersuchungen von [Zae09] an 1.4310-verstärkten EN AW-6060-Profilen deckt. Betragsmäßig liegen die Messungen von [Zae09] jedoch ca. um den Faktor 2 höher, wobei beachtet werden muss, dass es sich um ein anderes Werkstoffsystem handelt. Die gemessenen Eigenspannungen in den Fe-Drähten in Schliffen der Verbunde 6056+Fe-F und 2099+Fe-F zeigen passend zu den hier dargestellten Werten Druckeigenspannungen, die genauen Werte der Messungen können auf Grund des Materialabtrags hier nicht verglichen werden.

Tabelle 6-4: Berechnete Spannungskomponenten in den Verstärkungselementen nach Abkühlung bzw. Abschrecken und Recken

Verbund	Spannungen aus Abkühlung in MPa (ΔT in K) Zustand F	Spannungen aus Abschrecken in MPa (ΔT in K) Zustand T6	Spannungen aus Recken in MPa (Reckgrad in %)	Spannungen im Zustand T8/T8I aus Überlagerung in MPa
6056+Fe	-487 (-480)	-538 (-530)	1300 (0,6)	732
6056+Co	-658 (-480)	-727 (-530)	1550 (0,6)	823
2099+Fe	-553 (-460)	-615 (-512)	1440 (2,5)	825
2099+Co	-663 (-460)	-738 (-512)	1780 (2,5)	1042

In den Verstärkungselementen ist am Ende der Prozesskette mit Zugeigenspannungen zu rechnen, was nach [Möc82] die Verkürzung des Bereichs II der Verbundverfestigungskurve erklärt und sich mit der Tendenz aus den Eigenspannungsmessungen an Schliffen der Fe-Verbunde im Zustand T8I deckt (vgl. Kapitel 5.4.3.5). Die Überlagerung der Spannungen aus Wärmebehandlung und Recken in Tabelle 6-4 führt zu sehr großen Zugspannungswerten, welche die Zugfestigkeiten der Verbunde im Zustand T8I negativ beeinflussen müssten. Zwar sind in diesem Zustand die Verbundfestigkeiten für beide Matrixlegierungen reduziert (vgl. Bild 6-7 und Bild 6-8), doch ist dies vermutlich auf die Abnahme der Matrixfestigkeiten zurückzuführen, wie bereits angesprochen. Darüber hinaus könnten die hier abgeschätzten Spannungen durch die erhöhte Temperatur bei der Warmauslagerung relaxieren oder bei mechanischer Beanspruchung durch die mehrfache Einschnürung (vgl. folgendes Kapitel), zumindest beim Fe-Draht, abgebaut werden.

6.4.6. Röntgenografische Eigenspannungsmessungen

Die röntgenografischen Eigenspannungsmessungen an den Drähten in metallografischen Längsschliffen zeigen im Zustand F eine Tendenz zu Druckspannungen in den Drähten, welche auf die Abkühlung nach dem Strangpressprozess und den Unterschied der thermischen Ausdehnungskoeffizienten von Verstärkungselement und Matrix zurückzuführen ist, wie bereits von [Sch06] mittels Simulation und [Zae09] mittels Eigenspannungsmessungen durch Synchrotronstrahlung für Drähte aus 1.4310 gezeigt werden konnte. Im Zustand T8I wurden ebenfalls in den Verstärkungselementen innerhalb des Verbundes Eigenspannungsmessungen durchgeführt und es zeigten sich tendenziell Zugspannungen als eine Reaktion auf das Recken der Profile. Dies bestätigt die Abschätzungen in Kap. 6.4.5.3.

Es wurden an unverstärkten Proben Eigenspannungen gemessen, um zum einen den Spannungen in der Probenoberfläche nach dem Drehprozess Rechnung zu tragen und zum anderen die zylindrische Probenform in der Messstrecke der Zugproben zu berücksichtigen [Gnä09]. Als spannungsfreie Referenz diente hierbei ein Streifen Aluminiumfolie, welcher auf die Messstrecke einer Probe geklebt wurde. Die gemessenen Eigenspannungswerte wurden bei den Ergebnissen der verstärkten Proben berücksichtigt.

An einer gebrochenen 6056+Fe-F-Zugprobe wurden die Eigenspannungen in axialer und tangentialer Richtung an der Probenoberfläche, also im Matrixmaterial, innerhalb der Messstrecke gemessen. Die Einschnürungen der Matrix und damit die des innen liegenden Verstärkungselements konnten mit Druckspannungsmaxima in der Matrix in axialer und tangentialer Richtungen korreliert werden. Diese Druckspannungen treten auf, da es nach dem Probenbruch durch den eingeschnürten aber intakten Draht zur Rückfederung des Verbundes und damit zu einer Kompression des Aluminiums kommt. Die Positionen der Einschnürungen konnte zum einen anhand der optischen Dehnungsmessung zum anderen in den metallografischen Längsschliffen bestimmt werden (vgl. Bild 5-30).

Die gleichen Untersuchungen wurden an einer 6056+Fe-T8I-Zugprobe durchgeführt. In den gemessenen Eigenspannungsverläufen tritt derselbe Effekt wie bei der 6056+Fe-F-Probe auf, nur ist in diesem Fall die Korrelation mit den Längsschliffen bzw. der optischen Dehnungsmessung nicht eindeutig

(vgl. Bild 5-72). Die Ergebnisse weisen auf zwei Einschnürungen hin, von welchen nur eine nachgewiesen werden konnte.
Die Eigenspannungsmessungen an gebrochenen verstärkten Proben zeigen, dass die mehrfache Einschnürung zu einem frühen Zeitpunkt der elastisch-plastischen Verformung der Probe einsetzt und sich die Einschnürungen recht kurz hintereinander bilden. Passend zu der Theorie von [Ven70] kommt es nach dem Auftreten der ersten Einschnürung zu einer Einschnürungsbehinderung an dieser Stelle und eine neue Einschnürung bildet sich in unmittelbarer Nähe, was für eine Verfestigung der Matrix und damit für eine Überbrückung des eingeschnürten Verstärkungselements spricht. Im weiteren Verlauf scheinen sich weitere Einschnürungen zu bilden, welche außerhalb des untersuchten Bereiches liegen, bis es zum Probenbruch an einer der Einschnürungen kommt. Dieser Sachverhalt wird durch das Versagen der Probe außerhalb des optisch untersuchten Bereichs gestützt.

6.4.7. Duktilitätszunahme der Fe-Verbunde im Zugversuch

In den metallografischen Längsschliffen von Fe-Verbunden (vgl. Bild 5-19, Bild 5-20 und Bild 5-64) konnte gezeigt werden, dass eine mehrfache Einschnürung des Verstärkungselements auftritt, bevor es zum Versagen des Verstärkungselements oder des Verbundes im Zugversuch kommt. Darüber hinaus zeigen die Zugversuche mit optischer Dehnungsmessung den Verlauf der Entstehung der mehrfachen Einschnürung (z.B. Bild 5-23). Die röntgenografischen Eigenspannungsmessungen an gebrochenen Proben nach den Zugversuchen belegen die mehrfache Einschnürung ebenfalls. Bereits von [Sho75] [Sch70] [Ven70] und [Wei06d] wurden mehrfache Einschnürungen des Verstärkungselements beobachtet. Es wurden verschiedene Theorien aufgestellt, wobei die wahrscheinlichste von [Ven70] die Möglichkeit der Mehrfacheinschnürung auf eine Verfestigung der Matrix im Bereich der Einschnürung des Verstärkungselements zurück führt, welche zu einer Entlastung und Überbrückung des eingeschnürten Verstärkungselements führt

(Überkompensation). Die Gültigkeit dieser Theorie für die Verbunde dieser Arbeit wird durch die Ergebnisse von [Wei06d] und die der Zugversuche mit optischer Dehnungsmessung unterstützt, da hier zu erkennen ist, dass sich erst eine Einschnürung bildet und kurz darauf in direkter Umgebung eine weitere. Im weiteren Verlauf der Beanspruchung existieren beide Einschnürungen nebeneinander, bis die Probe außerhalb des untersuchten Bereichs versagt. Dies wird durch Beobachtungen bei den Zugversuchen an Fe-Draht verstärkten Verbunden im Zustand F unterstützt, da sich hier im Spannungsplateau der Zugverfestigungskurve vier Spannungsabfälle gefolgt von erneuten Spannungsanstiegen erkennen ließen, bevor die Probe letztendlich an einer Stelle einschnürt und versagt. In der Messstrecke dieser Probe konnten vier Einschnürungen nachgewiesen werden, wie in Bild 6-13 dargestellt. Der gleiche Effekt zeigt sich im Längsschliff einer anderen Probe desselben Zustands (vgl. Bild 5-19).

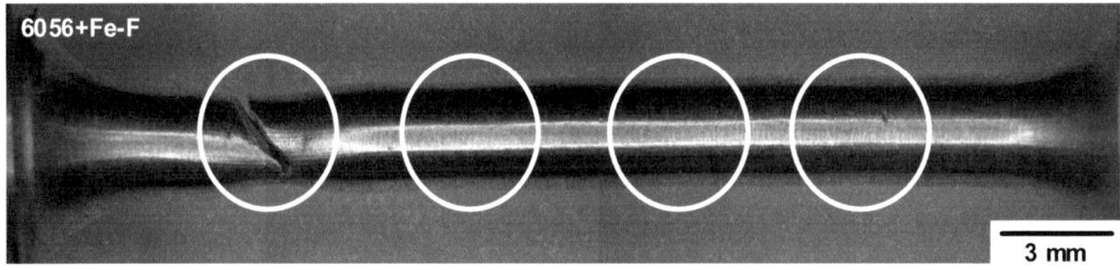

Bild 6-13: Aufnahme einer 6056+Fe-F-Zugprobe mit vier Einschnürungen

Im Gegensatz zu den Erkenntnissen von [Ven70] zeigt sich in dieser Arbeit, dass die Grenzflächenscherfestigkeit insofern von Bedeutung für die mehrfache Einschnürung ist, sobald es zu einer Veränderung des Versagensverhaltens der Zugversuchsproben kommt. Versagt die Probe durch Pull-Out des Drahtes aus dem Probenkopf (2099+Fe-T8I-Verbunde, vgl. Bild 5-68), ist die Lastübertragung in das Verstärkungselement nicht mehr gewährleistet und es tritt keine mehrfache Einschnürung auf. Der Vergleich mit der Literatur zeigt, dass die mehrfache Einschnürung, welche bei den Fe-Verbunden gefunden wurde, die deutlich größere Dehnung des Verstärkungselements innerhalb des Verbundes erklären kann. Darüber hinaus kann, wie bereits in [Sch70] prognostiziert, die im Vergleich zur Mischungsregel erhöhte Verbundfestigkeit im Versuch ebenfalls durch die Mehrfacheinschnürung erklärt werden (vgl. Kapitel 6.4.4).

Durch die an der Grenzfläche vorherrschenden Druckspannungen auf Grund der Abkühlung nach dem Verbundstrangpressen bzw. der Wärmebehandlung wird nach [Sch70] die mehrfache Einschnürung des Verstärkungselements begünstigt.

Laut [Sch70] entspricht der Abstand der Einschnürungen der kritischen Faserlänge (vgl. Gleichung 2-4), was von [Ven70] angezweifelt wird, da die Verstärkungselemente nicht gänzlich versagen. Die Berechnung der kritischen Faserlängen aus der Verstärkungselementfestigkeit und der Grenzflächenscherfestigkeit entspricht im Falle der 6056-F-Verbunde nicht dem in den Längsschliffen bestimmten Abstand zwischen den Einschnürungen. Lediglich beim Verbund 6056+Fe-T8I trifft diese Aussage zu. Hieraus kann geschlossen werden, dass der Einfluss der Grenzflächenhaftung, wie von [Ven70] angenommen, nicht die mehrfache Einschnürung bestimmt, sondern der Druckeigenspannungszustand an der Grenzfläche dominiert.

Durch die Eigenspannungen innerhalb der Verbundproben kommt es zudem zu einer Verschiebung der Zugverfestigungskurven auf der Dehnungsachse, was bei Druckspannungen im Draht, hervorgerufen durch die Abkühlung nach der Wärmebehandlung, die Dehnungsaufnahmefähigkeit des Drahtes erhöht [Möc82]. Dieser Effekt scheint jedoch gegenüber der mehrfachen Einschnürung eher eine untergeordnete Rolle zu spielen.

6.5. Ermüdungsversuche

6.5.1. Lebensdauerverhalten der Verbunde

Die Matrixlegierungen verhalten sich bei Ermüdungsbeanspruchung recht ähnlich, die Legierung 2099-T8I zeigt minimal größere Lebensdauern für

kleine Spannungsamplituden als die Legierung 6056-T8I. Eine Veränderung des Lastverhältnisses von R = -1 auf R = 0,1 verändert das Ermüdungsverhalten deutlich und die Spannungswöhlerkurve der Legierung 2099-T8I liegt deutlich oberhalb der von 6056-T8I. Bei den Lastverhältnissen R = 0,5 und R = -0,5 ist dieser Effekt weit weniger stark ausgeprägt und die Spannungswöhlerkurven der beiden Matrixlegierungen liegen wieder näher zusammen. Prinzipiell zeigt die Legierung 2099-T8I ein besseres Ermüdungsverhalten, wofür diese Legierung unter anderem entwickelt wurde [Alc05].
Bei allen untersuchten Verbunden und Lastverhältnissen ist eine deutliche Steigerung der Lebensdauer verglichen mit der unverstärkten Matrix durch die Verstärkungselemente zu erkennen. Während bei einem Lastverhältnis von R = -1 keine großen Unterschiede durch die Matrix oder die verwendeten Verstärkungselemente auftreten, zeigt sich bei einem Lastverhältnis von R = 0,1, dass sich die Fe-Draht verstärkten Verbunde abweichend verhalten. Sie zeigen einen steileren Verlauf in den Spannungswöhlerkurven, was sich negativ auf die extrapolierte Lebensdauer auswirkt.
Mittels der Abschätzung von [Ost07] bzw. [Hän03] kann von der 0,2 %-Dehngrenze bzw. der Zugfestigkeit auf die zu erwartende 10^7-Dauerfestigekeit bzw. die Zug/Druck-Wechselfestigkeit geschlossen werden, wie in Gleichung 6-2 und Gleichung 6-3 dargestellt.

$$R_{D,10^7} \sim 0{,}4 \cdot R_{p0,2} \quad \text{[Ost07]} \qquad 6\text{-}2$$

$$R_{Z/D,W} = 0{,}3 \cdot R_m \quad \text{[Hän03]} \qquad 6\text{-}3$$

Die Anwendung dieser Abschätzungen auf die Matrixmaterialien und die Verbunde für das Lastverhältnis R = -1 zeigt Tabelle 6-5. In Klammern ist die Abweichung zwischen extrapolierter 10^7-Wechselfestigkeit und dem berechnetem Wert aus dem jeweiligen Modell angegeben. Negative Werte beschreiben eine Unterschätzung durch das Modell, positive Werte eine Überschätzung der Wechselfestigkeiten durch das Modell.

Tabelle 6-5: Abschätzung der 10^7-Wechselfestigkeit und der Zug/Druck-Wechselfestigkeit der Matrixlegierungen und Verbunde nach [Ost07] und [Hän03] für das Lastverhältnis R = -1

Werkstoff	10^7-Wechselfestigkeit [Ost07] in MPa (Abweichung in %)	Zug/Druck-Wechselfestigkeit [Hän03] in MPa (Abweichung in %)
6056-T8I	98,88 (-18,3)	123,3 (1,9)
2099-T8I	107,24 (-21,7)	91,5 (-33,2)
6056+Fe-T8I	171,28 (8,4)	164,55 (4,1)
6056+Co-T8I	179 (9,8)	162,96 (-0,0)
2099+Fe-T8I	152,84 (-6,2)	140,7 (-13,7)
2099+Co-T8I	99,68 (-41,7)	95,7 (-44,0)

Während bei der Legierung 6056-T8I die Abschätzung von [Hän03] sehr gut zutrifft, kann die Wechselfestigkeit der Legierung 2099-T8I durch keinen der beiden Ansätze befriedigend abgeschätzt werden. Da die Wechselfestigkeit der Legierung deutlich unterschätzt wird, kann zumindest eine konservative Abschätzung getroffen werden.

Bei den 6056-T8I-Verbunden treffen beide Vorhersagen sehr gut zu, die Abweichung zwischen den extrapolierten Werten und [Hän03] ist dabei etwas geringer, die extrapolierten Werte werden überschätzt. Bei 6056+Co-T8I tritt zufällig keine Abweichung zu [Hän03] auf.

Die 2099-T8I-Verbunde zeigen ein gegensätzliches Bild, da es hier durchweg zu einer Unterschätzung der Ermüdungsfestigkeiten kommt. Das schlechte Zutreffen der Abschätzungen ist hier insbesondere auf die Zugversuchsdaten zurückzuführen. Bei den Zugversuchen hatte sich das Versagensverhalten verändert und es kam zu einem Pull-Out des Drahtes aus dem Probenkopf der 2099+Fe-T8I-Proben.

6.5.2. Lebensdauerabschätzung der Verbunde

Die Auftragung der Totaldehnungsamplitude bei halber Bruchlastspielzahl über der Bruchlastspielzahl der spannungskontrollierten Ermüdungsversuche bei einem Lastverhältnis von R = -1 (vgl. Bild 6-14) lässt erkennen, dass die verstärkten und unverstärkten Proben innerhalb eines gemeinsamen Streubandes liegen, wie von [Tal95] und [Maj95] vorausgesagt.

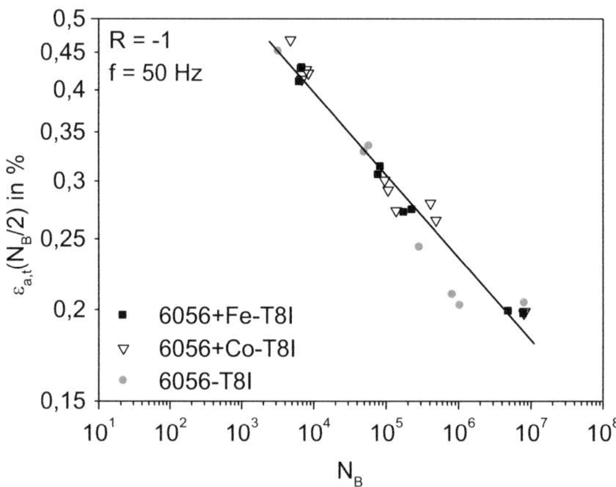

Bild 6-14: Totaldehnungsamplitude bei halber Bruchlastspielzahl der 6056-T8I-Verbunde und des Matrixmaterials

Dies bedeutet, dass für beide Verstärkungselementwerkstoffe die Lebensdauer durch die Dehnungsamplitude bestimmt wird. Bei den Verbunden treten bei gleicher Dehnungsamplitude auf Grund des höheren Verbundelastizitätsmoduls höhere Spannungsamplituden auf. In der Spannungswöhlerkurve führt dies zu einer Verschiebung der Wöhlerkurve nach oben und somit zu einer Lebensdauererhöhung der Verbunde, bezogen auf dasselbe Spannungsniveau, gegenüber der Matrix.

Unter der Annahme, dass in der Matrix und im Verbund die gleichen Dehnungsamplituden vorherrschen $\varepsilon_{a,t,M} = \varepsilon_{a,t,V}$, kann über das Elastizitätsmodulverhältnis zwischen Verbund und Matrix die zu erwartende

Spannungsamplitude des Verbundes bei Ermüdungsbeanspruchung vorhergesagt werden, wie in Gleichung 6-4 dargestellt.

$$\sigma_{a,V} = \frac{E_V}{E_M} \cdot \sigma_{a,M} \qquad 6\text{-}4$$

Wird dieser Ansatz auf die Basquin-Beziehung [Bas10] erweitert und für den Verbundelastizitätsmodul die Mischungsregel (Gleichung 2-2) angewendet, ergibt sich die prognostizierte Spannungswöhlerkurve des Verbundes gemäß Gleichung 6-5:

$$\sigma_{a,V} = \frac{E_M \cdot f_M + E_F \cdot f_F}{E_M} \cdot \sigma'_{B,M} \left(N_B\right)^{-b_M} \qquad 6\text{-}5$$

Die Parameter $\sigma'_{B,M}$ und b_M können durch fitten der Spannungswöhlerkurve der Matrix ermittelt werden. Die Elastizitätsmoduln der Matrix E_M und des Verstärkungselements E_F werden durch Zugversuche gewonnen. So ist es möglich, die Spannungswöhlerkurve des Verbunds aus Zugversuchsdaten und der Spannungswöhlerkurve des Matrixmaterials zu berechnen. Dies wurde an allen untersuchten Verbunden durchgeführt und für gültig befunden. Nachfolgend ist dies für die Verbunde 6056+Fe-T8I und 6056+Co-T8I in Bild 6-15 dargestellt.

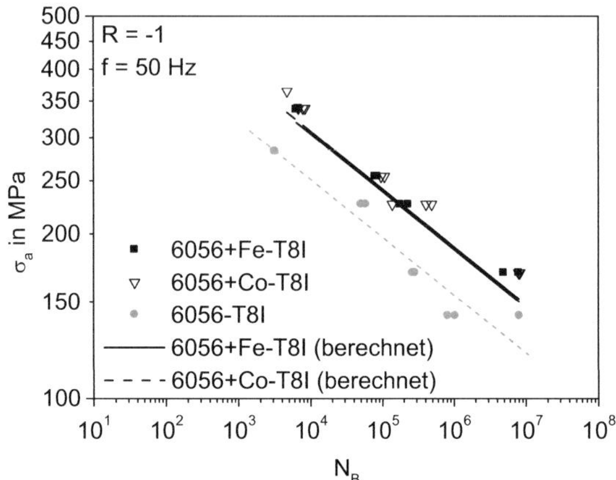

Bild 6-15: Spannungswöhlerkurve der Matrix 6056-T8I und berechnete Spannungswöhlerkurven der Verbunde

Bild 6-16 zeigt die Anwendung des Modells auf die Verbunde mit 2099-T8I Matrix. Die Lebensdauern werden durch das Modell leicht unterschätzt und es kann so eine konservative Vorhersage getroffen werden.

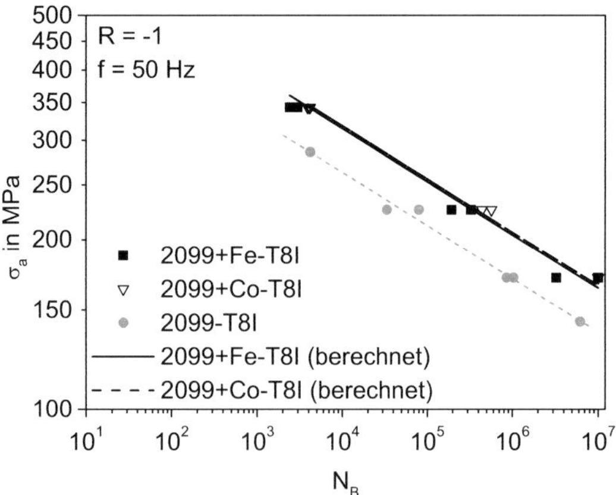

Bild 6-16: Spannungswöhlerkurve der Matrix 2099-T8I und berechnete Spannungswöhlerkurven der

Die Anwendung des Modells auf die Daten von [Wei07a] zeigt, dass es auch auf andere Verbundkombinationen zutrifft, wie in Bild 6-17 zu erkennen.

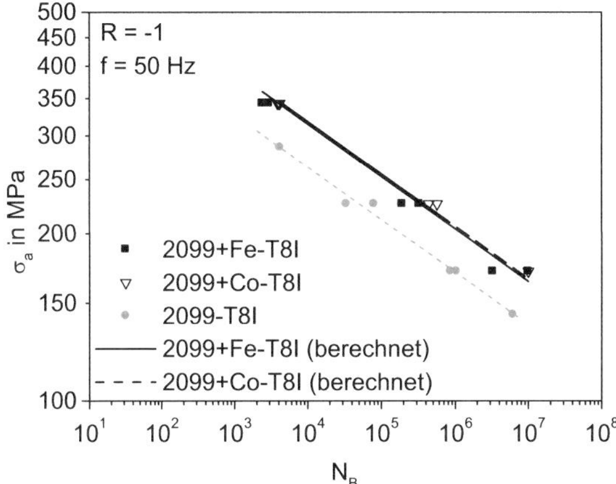

Bild 6-17: Spannungswöhlerkurve der Matrix EN AW-6060 [Wei07a] und berechnete Spannungswöhlerkurven der Verbunde 6060+Haynes 25 und 6060+1.4310 (Datenpunkte aus [Wei07a])

Darüber hinaus wurde dieses Modell von [Mer13] auf Verbunde mit EN AW-6082- und 1.4310-Drahtverstärkung angewendet und ebenfalls für zutreffend befunden. [Mer13] konnte darüber hinaus zeigen, dass das Modell auch auf Proben mit AZ 31-Matrix und 1.4310-Drahtverstärkung zutreffend ist.

Im Weiteren lassen sich die 10^7-Wechselfestigkeiten für die Verbunde berechnen. Der Vergleich der extrapolierten und der berechneten 10^7-Wechselfestigkeiten ist in Tabelle 6-6 aufgezeigt.

Wie schon die Wöhlerkurven selbst werden die 10^7-Wechselfestigkeiten im Allgemeinen unterschätzt. Lediglich beim Verbund 2099+Fe-T8I kommt es zu einer minimalen Überschätzung. Die Unterschiede durch die verwendeten Verstärkungselemente sind im Modell weniger ausgeprägt als in den Versuchsergebnissen, was zu einer Unterschätzung der Co-Draht verstärkten Verbunde führt.

Tabelle 6-6: 10^7-Wechselfestigkeit der Verbunde (aus Extrapolation) und berechnet für das Lastverhältnis R = -1

Verbund	extrapolierte 10^7-Wechselfestigkeit in MPa	berechnete 10^7-Wechselfestigkeit in MPa
6056+Fe-T8I	158	146,84
6056+Co-T8I	163	148,46
2099+Fe-T8I	163	164,11
2099+Co-T8I	171	165,89

6.5.3. Wechselverformungsverhalten

Die Matrixlegierungen im Zustand T8I zeigen am Anfang der Beanspruchung eine deutliche Wechselverfestigung des Werkstoffs. Nach einem Sättigungsbereich kommt es anschließend wieder zu einer Wechselentfestigung, vermutlich auf Grund von Rissbildung innerhalb der Messstrecke [Sch97]. Im Gegensatz zu 6056-T8I tritt der Sättigungsbereich der Verfestigung bei der Legierung 2099-T8I später auf. Bei beiden Legierungen tritt zyklisches Kriechen auf.

Die Verbunde zeigen ein neutrales Wechselverformungsverhalten, wobei kein zyklisches Kriechen beobachtet werden kann. An einzelnen Proben konnte beobachtet werden, dass es erst zum Versagen der Matrix und anschließend zur Ermüdung des Verstärkungselements kommt, wie bereits von [Wei06d] beschrieben. Die Auswertung der Steifigkeiten der letzten Hysteresen lässt bei Berücksichtigung der Drahtfläche den Elastizitätsmodul des Verstärkungselements erkennen. Fe-Draht verstärkte Proben zeigen eine Ermüdung des Drahtes mit entsprechender Steifigkeitsabnahme [Sch97], Co-Draht verstärkte Verbunde versagen schlagartig, was für ein sprödes Verhalten des Co-Drahtes spricht und somit mit den Erkenntnissen der Zugversuche an Co-Draht verstärkten Verbunden übereinstimmt.

6.5.4. Schädigungsentwicklung unter Ermüdungsbeanspruchung

Die Untersuchungen zur Schädigungsentwicklung an den Matrixmaterialien im Zustand T8I unter Ermüdungsbeanspruchung zeigen, dass sich die Risse an der Probenoberfläche bilden und sich von dort aus ins Probeninnere ausbreiten bis es zum Versagen der Probe kommt [Thi08].

Bei den Verbunden ist hingegen ein anderer Schädigungsmechanismus zu beobachten. Auf Grund der Ermüdungsspuren im Matrixmaterial nahe der Grenzfläche sowie der Rastlinien, welche bei der fraktografischen Untersuchung einer 2099+Fe-T8I-Probe gefunden wurden (Bild 5-83), kann davon ausgegangen werden, dass sich die Ermüdungsrisse an der Matrix-Draht-Grenzfläche bilden und sich von dort aus Richtung Probenoberfläche ausbreiten. Dieser Effekt wird dadurch begünstigt, dass die Diffusionsschicht an der Grenzfläche selbst stark angerissen ist.

Ein weiterer Beleg für die Rissbildung innerhalb der verstärkten Proben wurde in einem Längsschliff einer 6056+Fe-T8I-Probe gefunden (vgl. Bild 6-18).

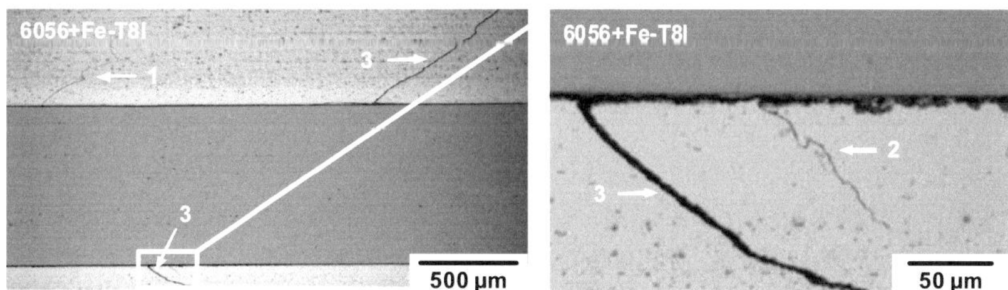

Bild 6-18: Längsschliff entlang des Verstärkungselements einer 6056+Fe-T8I-Ermüdungsprobe, Beanspruchungsrichtung: horizontal

Im Längsschliff sind mehrere Riss zu erkennen (Bild 6-18 links), wobei die Risse 1 und 2 von der Grenzfläche ausgehen und sich vor Riss 3 gebildet haben müssen. Hätte sich Riss 3 zuerst gebildet, wäre es auf Grund der beschädigten Grenzfläche (Bild 6-18 rechts) zu einer Entlastung der Risse (besonders Riss 2) gekommen und damit hätten sich die Risse 1 und 2 nicht bilden können [Thi08].

Zudem ist in Bild 5-84 links ein Anriss des Co-Drahts zu erkennen, von welchem ausgehend dieser offensichtlich spontan versagte, da in der Drahtbruchfläche keine Ermüdungsspuren gefunden werden konnten. Dies stimmt mit den Beobachtungen an den Wechselverformungskurven von 6056+Co-T8I überein, bei welchen keine Rissausbreitung im Co-Draht beobachtet werden kann, sondern es direkt zum Versagen des Verstärkungselements kommt.

6.5.5. Einfluss des Lastverhältnisses

6.5.5.1 Matrixlegierungen

Der Einfluss des Lastverhältnisses auf die Ermüdung wurde an den Matrixlegierungen mit den Lastverhältnissen R = 0,1, R = 0,5 und R = -0,5 untersucht. In Bild 6-19 ist ein Haigh-Diagramm für die Legierung 6056-T8I dargestellt.

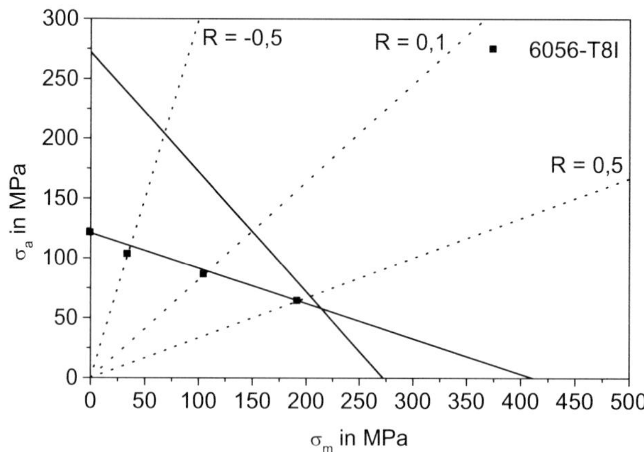

Bild 6-19: Haigh-Diagramm für das 6056-Matrixmaterial im Zustand T8I

Die extrapolieren 10^7-Dauerfestigkeiten der Matrixlegierung 6056-T8I stimmen sehr gut mit der Goodman-Näherung überein bzw. liegen bei einem Lastverhältnis von R = -0,5 leicht darunter. Mit dieser durchaus konservativen Abschätzung lässt sich das Ermüdungsverhalten von 6056-T8I für variierende Mittelspannungen beschreiben. Das Haigh-Diagramm für den Matrixwerkstoff 2099-T8I ist in Bild 6-20 gezeigt.

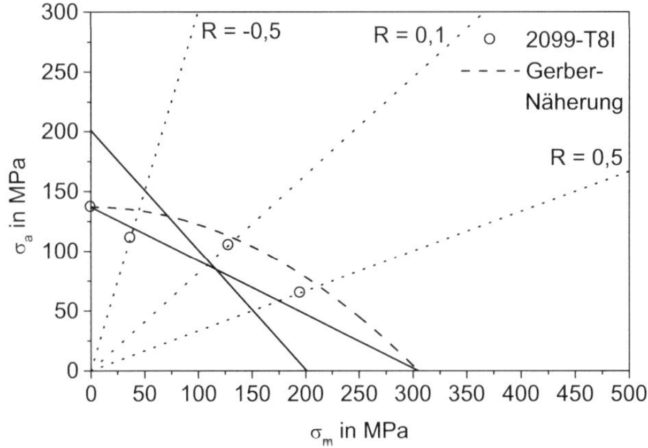

Bild 6-20: Haigh-Diagramm für das 2099-Matrixmaterial im Zustand T8I

Im Gegensatz zu der Legierung 6056-T8I kommt es bei 2099-T8I zu einer deutlichen Unterschätzung der ertragbaren Kombination aus Mittelspannung und Spannungsamplitude durch die Goodman-Näherung, lediglich bei einem Lastverhältnis von R = -0,5 wird die Ermüdungsfestigkeit leicht überschätzt. Darüber hinaus befinden sich die extrapolierten 10^7-Dauerfestigkeiten der Lastverhältnisse R = 0,1 und R = 0,5 oberhalb der Streckgrenzengeraden. Dies zeigt, dass in Abhängigkeit vom Lastverhältnis auch geringe plastische Dehnungsamplituden dauerfest ertragen werden können. Die Abschätzung der Dauerfestigkeiten mit der Gerber-Näherung zeigt, dass die Versuchsdaten innerhalb des Bereichs zwischen Goodman- und Gerber-Näherung zu liegen kommen.

6.5.5.2 Verbunde

Auch an den Verbunden wurde der Einfluss unterschiedlicher Lastverhältnisse (R = 0,1 und R = -1) untersucht. Das Haigh-Diagramm für die 6056-T8I-Verbunde ist in Bild 6-21 gezeigt.

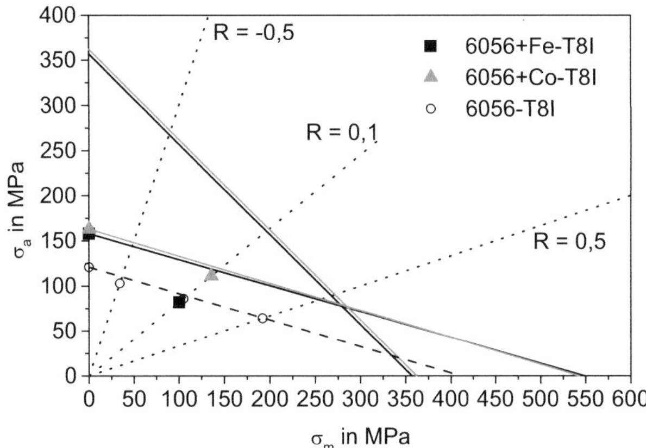

Bild 6-21: Haigh-Diagramm für 6056-Verbunde im Zustand T8I (schwarz: Fe-Verbund, grau: Co-Verbund)

Der Verbund 6056+Co-T8I wird, wie schon die unverstärkte Matrix, durch die Goodman-Näherung sehr gut beschreiben (graue Geraden in Bild 6-21), der 6056+Fe-T8I-Verbund liegt dagegen unterhalb der 6056-T8I-Goodman-Geraden (gestrichelte Linie in Bild 6-21). Dies weist auf ein deutlich schlechteres Ermüdungsverhalten dieses Verbundes bei einem Lastverhältnis von R = 0,1 hin. Derselbe Effekt ist bereits an der unterschiedlichen Steigung in der Wöhlerkurve beim Lastverhältnis R = 0,1 (Bild 5-78) zu erkennen, was dazu führt, dass die extrapolierte 10^7-Dauerfestigkeit des Verbundes 6056+Fe-T8I kleiner ist als die der Matrix. Hier hat das Lastverhältnis offensichtlich einen entscheidenden Einfluss. Ob sich eine Veränderung des Schädigungsmechanismus einstellt, konnte im Rahmen dieser Untersuchungen nicht festgestellt werden.

Das Haigh-Diagramm der 2099-T8I-Verbunde zeigt Bild 6-22. In Bild 6-22 offenbart sich bereits ein sehr großer Unterschied zwischen sowohl den Goodman-Geraden als auch den Streckgrenzengeraden der beiden Verbunde (schwarze bzw. graue Linien). Die Streckgrenzengerade und die Goodman-Näherung des Verbunds 2099+Co-T8I (graue Geraden in Bild 6-22) liegen unterhalb der Geraden von 2099+Fe-T8I, wobei die Werte aus den extrapolierten Dauerfestigkeiten oberhalb von 2099+Fe-T8I liegen. Der 2099+Co-T8I-Verbund lässt sich, wie bereits bei 6056+Co-T8I, durch die Gerber-Näherung beschreiben. Im Gegensatz dazu wird die Vorhersage des Ermüdungsverhalten für den 2099+Fe-T8I-Verbund durch die Goodman-Gerade leicht unterschritten. Auch hier war, wie bereits bei 6056+Fe-T8I, in der Wöhlerkurve des Verbundes bei R = 0,1 eine andere Steigung festzustellen (vgl. Bild 5-79), was zu einer extrapolierten 10^7-Dauerfestigkeit auf dem Niveau der unverstärkten Matrix führte.

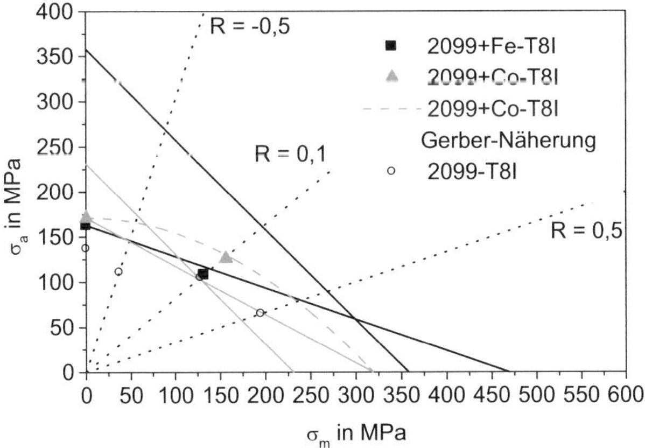

Bild 6-22: Haigh-Diagramm für 2099-Verbunde im Zustand T8I (schwarz: Fe-Verbund, grau: Co-Verbund)

6.6. Push-Out-Versuche

Die Übersicht über die Abhängigkeiten zwischen Grenzflächenscherfestigkeit und Zustand innerhalb der Prozesskette aller Verbundkombinationen gibt Bild 6-23.

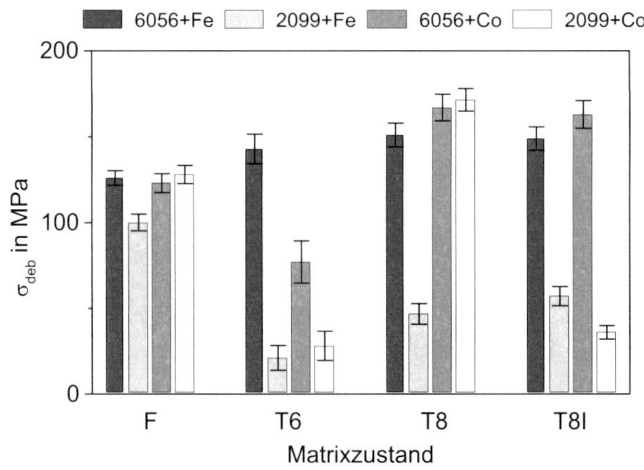

Bild 6-23: Verlauf der Grenzflächenscherfestigkeiten entlang der Prozesskette

Direkt nach dem Strangpressen (Zustand F) werden für alle Verbunde Grenzflächenscherfestigkeiten erreicht, welche zwischen den Werten von [Wei05a] für EN AW-6060+1.4310 und EN AW-6060+Haynes 25 liegen. Die von [Mer09] gemessen Grenzflächenscherfestigkeit für EN AW-6082+1.4310 bzw. AZ 31+1.4310 werden deutlich übertroffen. Ursächlich hierfür scheinen die hier verwendeten hochfesten Legierungen zu sein, da es durch die großen Presskräfte zu einem gestiegenen Druck in der Schweißkammer kommt [Pie09] und das Versagen bei den Push-Out-Proben in der Aluminiummatrix auftritt (vgl. Bild 5-31), wodurch sich die hohen Matrixfestigkeiten direkt in den Grenzflächenscherfestigkeiten bemerkbar machen. Der vermeintliche Riss zwischen der Legierung 2099-F und den Verstärkungselementen in Bild

5-17 ist vermutlich auf die Probenpräparation zurückzuführen und äußert sich nicht in den gemessenen Grenzflächenscherfestigkeiten. Darüber hinaus spricht das Versagen in der Matrix beim Zugversuch (Bild 5-27) und dem Push-Out-Test (Bild 5-31) ebenfalls gegen das Vorhandensein eines Risses.

Durch die Wärmebehandlung ohne Recken (Zustand T6) kommt es bei den 2099-T6-Verbunden zu einem deutlichen Einbruch der Grenzflächenscherfestigkeiten. Der Verbund 6056+Co-T6 zeigt ebenfalls einen Einbruch der Scherfestigkeit, lediglich der Verbund 6056+Fe-T6 weist eine Festigkeitssteigerung in der Grenzfläche auf. Eine deutliche Schwächung des Verbundes konnte auch schon bei den Zugversuchen an den 2099-T6-Verbunden beobachtet werden und ist auf die Diffusionsschicht und den auftretenden Spalt zurückzuführen, welche sich durch die Wärmebehandlung bilden (Bild 5-42) [Sho75].

Die höchsten Grenzflächenscherfestigkeiten werden bei beiden Matrixlegierungen nach dem Recken im Zustand T8 erreicht, wobei besonders die hohen Grenzflächenfestigkeiten bei den Verbunden mit Verstärkungselementen auf Kobaltbasis auffallen. In den metallografischen Schliffen (vgl. Bild 5-43) ist bei den Co-Verbunden, im Gegensatz zu den Fe-Verbunden, kein Spalt zu erkennen, womit sich dieser Unterschied erklären lässt. Auch in [Wei06b] wurden bei Verbunden aus EN AW-6060 verstärkt mit Haynes 25-Draht höhere Grenzflächenscherfestigkeiten als bei Verbunden verstärkt mit Federstahldraht beobachtet. Das Recken führt bei allen Verbunden im Vergleich zum Zustand T6 eine Erhöhung der Grenzflächenscherfestigkeit herbei, da hierdurch die Matrix kaltverfestigt wird und das Versagen hauptsächlich in der Matrix stattfindet. Am meisten ausgeprägt ist dies beim Verbund 2099+Co-T6 auf Grund des hohen Reckgrades der 2099-Legierung.

Zwischen Zustand T8 und T8I zeigen die 6056-Verbunde kaum eine Veränderung der Grenzflächenscherfestigkeit. Bei 2099+Co-T8I kommt es zu einem erneuten Abfall. Die gemessene Grenzflächenscherfestigkeit des Verbundes 2099+Fe-T8I zeigt eine geringe Zunahme gegenüber Zustand T8.

Die niedrigen Grenzflächenscherfestigkeiten der 2099-Verbunde im Zustand

T8I sind auf die Diffusionsschicht zurückzuführen, welche bereits in den metallografischen Längsschliffen zu erkennen war (Bild 5-63 und Bild 5-73). Diese massive Schwächung der Grenzfläche äußerte sich zudem beim Recken der 2099-Profile (vgl. Bild 5-65) und führte dort zusammen mit dem hohen Reckgrad zum Versagen des Co-Drahtes in regelmäßigen Abständen, welche sehr stark mit der kritischen Faserlänge korrelieren (vgl. Kapitel 6.3). Darüber hinaus konnte bei hohen Grenzflächenscherfestigkeiten im Rasterelektronenmikroskop stets Matrixmaterial am herausgedrückten Verstärkungselement nachgewiesen werden. In Bild 6-24 sind Aufnahmen von Push-Out-Proben nach dem Versuch dargestellt. Zu erkennen ist der herausgedrückte Draht auf der Probenunterseite der Zustände 2099+Co-T8 (links) und 2099+Co-T8I (rechts). Während im Zustand T8 anhaftendes Matrixmaterial am Verstärkungselement identifiziert werden kann (1) und das Matrixmaterial auf Grund der guten Anbindung aufgewölbt ist (2), treten diese Zeichen einer hohen Grenzflächenscherfestigkeit im Zustand T8I nicht auf. Beim Verbund 2099+Co-T8I ist lediglich ein Stück der Diffusionsschicht am Draht nachzuweisen (3).

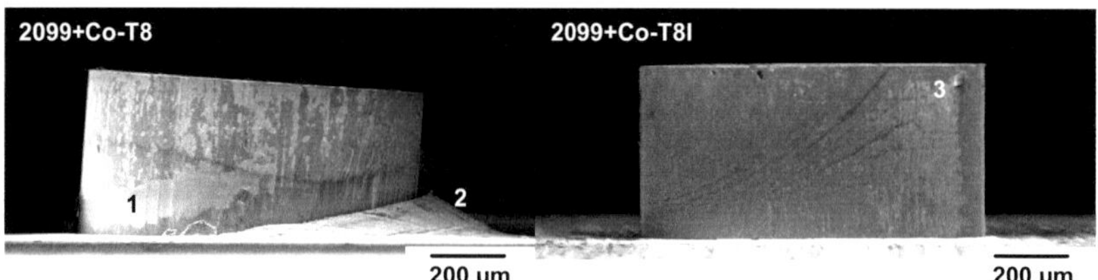

Bild 6-24: Vergleich der Push-Out-Proben: links, 2099+Co-T8; rechts: 2099+Co-T8I

Untersuchungen an Längsschliffen von Push-Out-Proben (vgl. Bild 5-31 und Bild 5-73) zeigten, dass das Versagen teils in der Grenzfläche selbst, teils auch in der Aluminiummatrix stattfindet. Der gleiche Effekt konnte bereits in [The76] [Wag79] [Fur81] [Wei05a] [Wei05b] [Wei06b] und [Wei06d] dokumentiert werden. Dies erklärt den direkten Einfluss der Wärme- und Reckbehandlung auf die Grenzflächenscherfestigkeiten, da durch diese maßgeblich die Festigkeit der Matrix beeinflusst wird. Die schädliche Wirkung der Diffusionsschicht bei den 2099-T8I-Verbunden führt hier zu einem Versagen innerhalb des Risses zwischen Schicht und Draht bzw. Schicht und Matrix, welcher bereits in den Längsschliffen zu erkennen war (vgl. Bild 5-63).

Bei den hier gemessenen Grenzflächenscherfestigkeiten muss nach [Nas12] beachtet werden, dass die Höhe der Push-Out-Proben 1 mm betragen hat und erst ab einer Probenhöhe von 2 mm eine von der Probenhöhe unabhängige Grenzflächenscherfestigkeit gemessen wird. Die hier vorgestellten Werte lassen sich jedoch untereinander und auch mit anderen Arbeiten mit gleicher Probenhöhe vergleichen.

7. Zusammenfassung und Ausblick

7.1. Zusammenfassung

Im Rahmen dieser Arbeit konnte gezeigt werden, dass es möglich ist hochfeste Luftfahrtlegierungen beim Verbundstrangpressen als Matrixwerkstoff einzusetzen und damit neue Verbundwerkstoffe für den Luftfahrzeugbau zu erzeugen.

Die Einbettung der Verstärkungselemente in die Aluminium-Matrixwerkstoffe erwies sich als sehr gut und das mechanische Verhalten stellte sich als günstiger dar, als durch das theoretische Modell im Vorhinein abschätzbar war.

Die Prozesskette hat einen entscheidenden Einfluss auf die mechanischen Eigenschaften der Matrixwerkstoffe sowie der Verbundkombinationen. Bei den Matrixmaterialien kommt es zu einer Festigkeitssteigerung bei Abnahme der Duktilität. Die Festigkeitserhöhung der Matrix spiegelt sich über den Volumenanteil direkt in den mechanischen Eigenschaften der Verbunde wieder. Darüber hinaus konnte ein deutlicher Einfluss der Prozesskette auf die gemessenen Grenzflächenscherfestigkeiten der Verbundkombinationen festgestellt werden. Dabei hat die Veränderung der Grenzfläche einen entscheidenden Einfluss auf die Festigkeit des Verbundes sowie sein Versagensverhalten. Wird durch die Wärmebehandlung zwischen Draht und Matrix eine Diffusionsschicht erzeugt, hat dies eine negative Beeinflussung der mechanischen Eigenschaften der Grenzfläche und damit des Verbundes zur Folge. Je nach Reckgrad, abhängig von der jeweiligen Matrixlegierung, kann es zur Schädigung von sich im Verbund spröde verhaltenden Verstärkungselementwerkstoffen kommen. Reißen diese beim Recken, wird das Profil zur weiteren Verwendung unbrauchbar. Dies muss auf jeden Fall vermieden werden. Zu spröde Drähte eignen sich daher nicht für den Einsatz von verbundstranggepressten Luftfahrtstringern, bei deren Matrixlegierung der Reckgrad höher ist als die plastische Verformbarkeit des Verstärkungselements im Verbund. Eine hohe Festigkeit des Verstärkungselements hingegen zeigt sich in hohen Verbundfestigkeiten.

Der Verbundstrangpressprozess selbst führt zu einer Erhöhung der Festigkeiten der Verstärkungselemente, die über eine reine Kaltverfestigung bei Weitem hinausgeht. Dies war so nicht vorherzusehen und macht eine a-priori Abschätzung aus den mechanischen Kennwerten der Einzelkomponenten schwierig bzw. sehr konservativ. Der Einfluss des Strangpressprozesses auf die Verstärkungselemente sollte demzufolge bei der Betrachtung der Prozesskette immer mit berücksichtigt werden.

Im Rahmen dieser Untersuchungen war es möglich eine neue Versuchstechnik zu entwickeln, bei welcher an Zugproben in der Messstrecke das Matrixmaterial durch Ätzen mit erwärmter NaOH entfernt wurde. Diese Versuche sind Drahtzugversuchen an wärmebehandelten Drähten in jedem Fall vorzuziehen, da sie den im Profil oder Verbund vorliegenden Werkstoffzustand deutlich besser abbilden können, wie der Vergleich mit dem mechanischen Modell zeigt. Darüber hinaus wird weniger Drahtmaterial benötigt als beim herkömmlichen Drahtzugversuch.

In Zugversuchen konnte festgestellt werden, dass in den Fe-Draht verstärkten Verbunden eine mehrfache Einschnürung des Verstärkungselements auftrat. Diese hat den Effekt, dass das Verstärkungselement im Verbund deutlich mehr Duktilität als im Drahtzugversuch zeigt. Die erhöhte Duktilität des Verstärkungselements führt zu höheren Verbundfestigkeiten, da die Matrix lokal mehr verfestigt. Begünstigt wird die mehrfache Einschnürung durch einen Druckspannungszustand an der Grenzfläche. Für die Konstruktion bzw. Auslegung ist dieser Bereich der Verbundwerkstoffe ohnehin nicht von Interesse, es könnten hier jedoch im Überlastfall zusätzliche Sicherheitsreserven vorgehalten werden (z.B. Crash).

Bei den Untersuchungen zur Ermüdungsbeanspruchung zeigte sich, dass die Verstärkungselemente eine deutliche Steigerung der Lebensdauer im Verbund bewirken. Dieser Effekt wird bei Verbunden, bei welchen eine Diffusionsschicht durch die Wärmebehandlung erzeugt wird, vermindert. Im Allgemeinen kann die Lebensdauer von Aluminiumprofilen durch die Verstärkungselemente erhöht werden. Die Spannungswöhlerkurven der Verbunde lassen sich dabei durch die der unverstärkten Matrix zusammen mit den Elastizitätsmoduln der Komponenten im Vorhinein abschätzen. Es zeigte sich auch, dass die Schädigung bei Verbunden von der Grenzfläche ausgeht und sich von dort in der Matrix ausbreitet. Dies könnte im Luftfahrzeugbau einen Nachteil für Schädigungsdetektion bei den Inspektionen bedeuten.

7.2. Ausblick

In weiteren Untersuchungen sollte angestrebt werden, den Verstärkungsanteil von verbundstranggepressten Profilen weiter deutlich zu erhöhen, da in der Anwendung sonst der Mindestverstärkungsanteil leicht unterschritten wird, wie am Profil zu erkennen. Ferner ist leicht vorstellbar, dass der Verstärkungsanteil bei Stringer-Hautfeld-Bauteilen ebenfalls sehr gering ausfällt. Eine Vorgehensweise dazu wäre, Verstärkungselement mit einem größeren Querschnitt, wie Bänder oder dickere Drähte, in die Profile einzubringen [Pie09]. Eine Erhöhung der Drahtanzahl ist nicht ohne weiteres möglich, da jedes Mal der Werkstofffluss in der Presse aufgeteilt werden muss und das Werkzeug damit geschwächt wird. Zudem kommt es auf Grund der Zunahme der Reibflächen zu einem Ansteigen der Stempelkraft (vgl. auch [Wei11]). Gerade bei der Verwendung hochfester Aluminiumlegierungen scheint dies keine gangbare Möglichkeit zu sein.
Ein weiterer Ansatz zur Verbesserung der Ermüdungseigenschaften von verbundstranggepressten Profilen könnte der Einsatz von Formgedächtnislegierungen als Verstärkungselementwerkstoffe sein. Hierbei könnten je nach Werkstoffsystem durch die Kombination von Wärmebehandlung und Recken gezielt Druckspannungen in der Matrix erzeugt werden, um deren Ermüdungsfestigkeit zu erhöhen.
Schließlich sollte durch geeignete Methoden, wie eine diffusionshemmende Beschichtung oder Passivierung der Verstärkungselementoberfläche, die Bildung einer Diffusionsschicht an der Grenzfläche zwischen Verstärkungselement und Matrix bei der Wärmebehandlung vermieden werden, da diese negative Einflüsse auf die mechanischen Eigenschaften des Verbundes gezeigt hat. Dabei muss berücksichtigt werden, dass diese Schicht nur wenige Mikrometer stark sein darf, um den Strangpressprozess selbst nicht zu beeinflussen. Darüber hinaus sollte ein Haftvermittler Anwendung finden, da andernfalls der Stoffschluss zwischen Verstärkungselement und Matrix nicht mehr gewährleistet sein kann.

8. Literaturverzeichnis

[Alc05] ALCOA Aerospace technical Fact Sheet, Alloy 2099-T83 and 2099-T8E67 Extrusions, http://www.alcoa.com/adip/catalog/pdf/Alloy2099TechSheet.pdf (am 04.01.2011)

[Alc11] ALCAN technical Datasheet, AA 6056 - Strength and machinability for a low total cost solution, http://www.clintonaluminum.com/wp-content/uploads/2011/05/Grades-6056-Comparison-vs-6061-2024-7075-.pdf (am 11.12.2011)

[Bar08] H.J. Bargel, G. Schulze: Werkstoffkunde. Springer-Verlag, Berlin Heidelberg, 2008, ISBN: 9783540792963

[Bas10] O.H. Basquin: The Exponential Law of Endurance Tests. Proc. of the Am. Soc. for Testing and Materials. 10 [2] 1910, S. 625-630

[Bau01] M. Bauser, G. Sauer, K. Siegert: Strangpressen. Aluminium-Verlag, Düsseldorf, 2001, ISBN: 3870172495

[Bor06] C. Borchard-Tuch: Neue Werkstoffe für den Airbus A380. Chem. Unserer Zeit. 40 [6] 2006, S. 407 – 409

[Cha95] N. Chandra, C.R. Ananth: Analysis of interfacial behavior in MMCs and IMCs by the use of thin-slice push-out tests. Compos. Sci. Technol. 54 [1] 1995, S. 87–100

[Cha02] N. Chandra: Evaluation of interfacial fracture toughness using cohesive zone model. Composites: Part A. 33 [10] 2002, S. 1433–1447

[Chu07] I. Chumak, K.W. Richter, H. Ipser: The Fe–Ni–Al phase diagram in the Al-rich (>50at.% Al) corner. Intermetallics. 15 [11] 2007, S. 1416–1424

[Cou90] T.H. Courtney: Mechanical Behavior of Materials. McGraw-Hill, New York, 1990

[Cra79] J. Crank: The mathematics of diffusion. Oxford University Press, New York, 1979, ISBN: 0198534116

[Del04] F. Delmas, M.J. Casanove, P. Lours, A. Couret, A. Coujou: Quantitative TEM study of the precipitation microstructure in aluminium alloy Al(MgSiCu) 6056 T6. Mater. Sci. Eng., A. 373 [1-2] 2004, S. 80–89

[Dif01a] R. Dif, B. Bes, T. Warner, Ph. Lequeu, H. Ribes, Ph. Lassince: Recent developments in AA6056 aluminium alloy used for aerospace. M. Tiryakioglu (Hrgs.): Advances in the Metallurgy of Aluminium Alloys. ASM International, Materials Park, USA (2001), S. 390-398

[Dif01b] R. Dif, Ph. Lequeu, T. Warner, B. Bès, H. Ribes, Ph. Lassince: Recent developments in aluminium sheet alloys used in aerospace. ATB Métallurgie. 41 [3] 2001, S. 3-15

[Din89] Norm DIN EN 29850: Luft- und Raumfahrt: Wärmebehandlung von Aluminium-Knetlegierungen. Deutsches Institut für Normung e.V., Oktober 1989

[Din06] Norm DIN EN 2002-001: Luft- und Raumfahrt - Metallische Werkstoffe - Prüfverfahren, Teil 1: Zugversuch bei Raumtemperatur. Deutsches Institut für Normung e.V., November 2006

[Ele06] L. Eleno, K. Frisk, A. Schneider: Assessment of the Fe–Ni–Al system. Intermetallics. 14 [10–11] 2006, S. 1276–1290

[Eng06] K. Engmann: Technologie des Flugzeugs. Vogel Verlag, Würzburg, 2006, ISBN: 9783834330611

[Esm03] S. Esmaeili, X. Wang, D. J. Lloyd, W. J. Poole: On the Precipitation-Hardening Behavior of the Al-Mg-Si-Cu Alloy AA6111. Metall. Mater. Trans. A. 34 [3] 2003, S. 751-763

[Fur81] P. Furrer, R. Gitter, J. Maier: Stranggepreßte Verbundprofile. Verbundwerkstoffe: Berichte e. Vortrags- u. Diskussionstagung d. Dt. Ges. für Metallkunde, DGM-Verlag, Oberursel, 1981, S. 141-155, ISBN: 3883550426

[Giu07] C. Giummarra, B. Thomas, R.J. Rioja: New Aluminium Lithium Alloys for Aerospace Applications. Proc. of the Light Metals Technology Conference 2007

[Gnä09] T. Gnäupel-Herold: Formalism for the determination of intermediate stress gradients using X-ray diffraction. J. Appl. Crystallogr. 42 [2] 2009, S. 192-197

[Gor07] U.G. Goranson: Damage Tolerance - Facts and Fiction. Proc. of the First International Conference on Damage Tolerance of Aircraft Structures. R. Benedictus, J. Schijve, R.C. Alderliesten, J.J. Homan (Hrsg.), TU Delft 2007, The Netherlands

[Got07] G. Gottstein: Physikalische Grundlagen der Materialkunde. Springer-Verlag, Berlin Heidelberg, 2007

[Gri96] Á. Griger, V. Stefániay: Equilibrium and non-equilibrium intermetallic phases in Al-Fe and Al-Fe-Si Alloys. J. Mater. Sci. 31 [24] 1996, S. 6645-6652

[Hän03] B. Hänel, E. Haibach: Rechnerischer Festigkeitsnachweis für Maschinenbauteile aus Stahl, Eisenguss- und Aluminiumwerkstoffen. Forschungskuratorium Maschinenbau (FKM) (Hrsg.), VDMA Verlag, Frankfurt, 2003, ISBN: 3816304796

[Ham08a] T. Hammers, E. Kerscher, M. Schikorra, D. Löhe: Mechanical Properties of Compound Extruded Stringer Profiles. Proc. 1st Eucomas, VDI-Berichte 2028, Berlin, 2008, S. 445-446, ISBN: 9783180920283

[Ham08b] T. Hammers, E. Kerscher, K. Weidenmann, D. Löhe: Mechanical Properties of Compound Extruded Unidirectional Reinforced Aluminum Alloys under Quasi-static Loading. J. Hirsch, B. Skrotzki, G. Gottstein (Hrsg.): Aluminium Alloys - Their Physical and Mechanical Properties. 2008, S. 2245-2250, ISBN: 3527323678

[Ham09a] T. Hammers, D. Pietzka, T. Kloppenborg, K. Weidenmann, E. Kerscher, M. Schikorra, A.E. Tekkaya, D. Löhe: Verbesserung der Werkstoff- und Bauteileigenschaften von Luftfahrtstringern durch Verbundstrangpressen. Fortschr. Ber. VDI Reihe 2 Nr. 668, VDI-Verlag, Düsseldorf, 2009, S.351-369, ISBN: 9783183668021

[Ham09b] T. Hammers, M. Merzkirch, K.A. Weidenmann, E. Kerscher: Mechanisches Verhalten ausgewählter Werkstoffsysteme verbundstranggepresster Leichtbauprofile unter quasistatischer Belastung. Krenkel W. (Hrsg.): Verbundwerkstoffe, 2009, S.155-161; ISBN: 9783527326150

[Hwa97] Y.H. Hwang, C.F. Horng, S.J. Lin, K.S. Liu, M.T. Jahn: Interface study for stainless steel fibre-reinforced aluminium matrix composite. J. Mater. Sci. 32 [3] 1997, S. 719-725

[Jin01] X. Jinang, Q. Gao: Stress-transfer analysis for fibre/matrix interfaces in short-fibre-reinforced composites. Compos. Sci. Technol. 61 [10] 2001, S. 1359-1366

[Kam02] C. Kammer: Aluminium Taschenbuch. Aluminium-Verlag, Düsseldorf, 2002, ISBN: 3870172746

[Kla04] A. Klaus, M. Schomäcker, M. Kleiner: First Advances in the Manufacture of Composite Extrusions for Lightweight Constructions. Light Metal Age. 62 [8] 2004, S. 12-21

[Kel65] A. Kelly, J. Davies: The Principles of the Fibre Reinforcement of Metals. Metallurgical Reviews. 10 [37] 1965, S. 1-78

[Kle04] M. Kleiner, M. Schomäcker, M. Schikorra, A. Klaus: Herstellung verbundverstärkter Aluminiumprofile für ultraleichte Tragwerke durch Strangpressen. Materialwiss. Werkstofftech. 35 [7] 2004, S. 431-439

[Kle06] M. Kleiner, M. Schomäcker, A. Klaus: Influencing Factors on The Manufacture of composite Extrusions. Annals of The German Academic Society For Production Engineering, WGP. XIII/1 [3] 2006, S. 71-74, ISBN: 3980767086

[Klo08] T. Kloppenborg, T. Hammers, M. Schikorra, E. Kerscher, E.A. Tekkaya, D. Löhe: Prototype Manufacturing of Extruded Aluminium Aircraft Stringer Profiles with Continuous Reinforcement. Advanced Materials Research. 43, 2008, S. 167-174

[Klu12] N. Klußmann, A. Malik: Lexikon der Luftfahrt. Springer, Heidelberg London New York (u.a.), 2012, ISBN: 9783642224997

[Koc06] R. Kocik, T. Vugrin, T. Seefeld: Laserstrahlschweißen im Flugzeugbau: Stand und künftige Anwendungen. Proc. 5. Laser-Anwenderforum. Bremen, 2006, S. 15-26

[Lav90] E.J. Lavernia, T.S. Srivatsan, F.A. Mohamed: Strength, deformation, fracture behaviour and ductility of aluminium-lithium alloys. J. Mater. Sci. 25 [2] 1990, S. 1137-1158

[Lec12] A.D. LeClaire, G. Neumann: Aluminum group metals. Mehrer, H. (Hrsg.): SpringerMaterials - The Landolt-Börnstein Database, DOI: 10.1007/ 10390457_41 (http://www.springermaterials.com)

[Leq07] P. Lequeu, P. Lassince, T. Warner: Aluminum Alloy Development for the Airbus A380 Part 2. Adv. Mater. Processes. 165 [7] 2007, S. 41-44

[Lil94] H. Lilholt: Strengthening and Its Mechanics. Shojiro Ochiai (Hrsg.): Mechanical properties of metallic composites. Dekker, New York (u.a.), 1994, S. 389-471

[Liu05] G. Liu, J. Sun, C.W. Nan, K.H. Chen: Experiment and multiscale modeling of the coupled influence of constituents and precipitates on the ductile fracture of heat-treatable aluminum alloys. Acta Mater. 53 [12] 2005, S. 3459–3468

[Llo92] J. Llorca, S. Suresh, A. Needleman: An Experimental and Numerical Study of Cyclic Deformation in Metal-Matrix Composites. Metall. Mater. Trans. A. 23 [3] 1992, S. 919-934

[Löh04] D. Löhe, V. Schulze, C. Fleck, K.A. Weidenmann: Verbundstranggepresste Aluminiummatrixverbunde - Werkstoffauswahl und Charakterisierung ausgewählter Metall-Metall-Systeme. Aluminium, Int. J. for Industrie, Research and Application. 80 [12] 2004, S. 1374-1378

[Mac11] E. Macherauch, H.W. Zoch: Praktikum in Werkstoffkunde. Vieweg + Teubner Verlag, Wiesbaden, 2011, ISBN: 3528933062

[Maj95] B.S. Majumdara, G.M. Newaz: Constituent damage mechanisms in metal matrix composites under fatigue loading and their effects on fatigue life. Mater. Sci. Eng., A. 200 [1-2] 1995, S. 114-129

[Maj01] B.S. Majumdar: Engineering Mechanics and Analysis of Metal-Matrix Composites. ASM Handbook Volume 21 - Composites, ASM International, 2001, S. 396-406, ISBN: 0871707039

[Mar84] D. B. Marshall: An Indentation Method for Measuring Matrix-Fibre Frictional Stresses in Ceramic Composites. J. Am. Ceram. Soc. 67 [12] 1984, S. C259-C260

[Mei10] M. Meissner: Experimentelle und CAE gestützte Untersuchung des Schädigungsverhaltens der unidirektional federstahldrahtverstärkten Aluminiumlegierung EN AW-6082 bei variierendem Verstärkungsanteil. Karlsruher Institut für Technologie (KIT), Studienarbeit, 2010

[Mer08] M. Merzkirch, K.A. Weidenmann, E. Kerscher, D. Löhe, D. Pietzka, M. Schikorra, A.E. Tekkaya: Mechanical Properties of Hybrid Composite Extrusions of an Aluminum-Alumina Wire Reinforced Aluminum Alloy. Proc. Materials Science and Technology (MS&T), Pittsburgh (USA), 2008

[Mer09] M. Merzkirch, K. Weidenmann, E. Kerscher, D. Löhe: Werkstoffsysteme für verstärkte Leichtbauprofile. Fortschr. Ber. VDI Reihe 2 Nr. 668, VDI-Verlag, Düsseldorf, 2009, S.45-64, ISBN: 9783183668021

[Mer11a] M. Merzkirch, A. Reeb, K.A. Weidenmann, V. Schulze: Charakterisierung des Verformungs- und Schädigungsverhaltens unidirektional drahtverstärkter Aluminium- und Magnesium-Matrixverbunde unter Zug- und Druckbeanspruchung. B. Wielage (Hrsg.): Tagungsband zum 18. Symposium Verbundwerkstoffe und Werkstoffverbunde in Chemnitz 2011. Eigenverlag, Chemnitz, 2011

[Mer11b] M. Merzkirch, K.A. Weidenmann, V. Schulze: Werkstoffkundliche Charakterisierung verbundstranggepresster Leichtmetallmatrix-Verbundwerkstoffe, Fortschr. Ber. VDI Reihe 2 Nr. 678, VDI-Verlag, Düsseldorf, 2011, S.49-72, ISBN: 9783183678020

[Mer12] M. Merzkirch: Verformungs- und Schädigungsverhalten der verbundstranggepressten, federstahldrahtverstärkten Aluminiumlegierung EN AW-6082, Karlsruher Institut für Technologie (KIT), Dissertation, 2012

[Mer13] M. Merzkirch, K.A. Weidenmann, V. Schulze: A fatigue lifetime model for unidirectionally wire reinforced lightweight metal matrix composites. International Journal of Fatigue. 2013 to be published

[Mis95] Y. Mishima, S. Miura, Y. Kimura: Microstructural control for ductilization of multi-phase alloys based on B2 CoAl. Mater. Sci. Eng., A. 192-193 [2] 1995, S. 748-755

[Möc82] C. Möck: Stahldrahtverstärkte Aluminiumverbundkörper mit und ohne äußere Vorspannungen, Universität Karlsruhe (TH), Dissertation, 1982

[Mül03] K. Müller: Strangpressen metallischer Verbundwerkstoffe. Grundlagen des Strangpressens. Expert-Verlag, Renningen, 2003

[Nas12] C. Nass: Untersuchungen zur Geometrieabhängigkeit der mittels Push-Out-Test gemessenen Grenzflächenscherfestigkeit. Karlsruher Institut für Technologie (KIT), Bachelorarbeit, 2012

[Niu99] M.C.Y. Niu: Airframe structural design: practical design information and data on aircraft structures. Conmilit Press Ltd., Hong Kong, 1999, ISBN: 9789627128090

[Niu10] M.C.Y. Niu: Composite airframe structures: practical design information and data. Conmilit Press, Hong Kong, 2010, ISBN: 9789627128113

[Niu11] M.C.Y. Niu: Airframe Stress Analysis and Sizing. Conmilit Press, Hong Kong Los Angeles, 2011, ISBN: 9789627128120

[Ost07] F. Ostermann: Anwendungstechnologie Aluminium. Springer-Verlag, Berlin Heidelberg, 2007, ISBN: 9783540694519

[Pad08] B.N. Padgett: Investigation into the stress Corrosion Cracking Properties of AA2099, an AL-LI-CU ALLOY, The Ohio State University, Dissertation, 2008

[Pal05] F. Palm: Residual strength in integral (welded) Al fuselage structures - Understanding failure peculiarities enables amazing strength values. Proc. of the 7th Int. Conference on Trends in Welding Research. Pine Mountain (USA), 1995, S. 717-724

[Pal07] F. Palm: Can welded fuselage structures fulfil future A/C damage tolerance requirements. Proc. of the First International Conference on Damage Tolerance of Aircraft Structures. TU Delft, Netherlands, 2007

[Phi65] H. R. Phieler: Plastic Deformation and Failure of Silver-Steel Filamentar Composites. Trans. TMS-AIME. 233 [12] 1965, S. 12-16

[Pie09] D. Pietzka, A.E. Tekkaya: Verbundstrangpressen. Fortschr. Ber. VDI Reihe 2 Nr. 668, VDI-Verlag, Düsseldorf, 2009, S. 25-44, ISBN: 9783183668021

[Pie11] D. Pietzka, A.E. Tekkaya: Verbundstrangpressen. Fortschr. Ber. VDI Reihe 2 Nr. 678, VDI Verlag, Düsseldorf, 2011, S. 27-47, ISBN: 9783183678020

[Rio92] R.J. Rioja, A. Cho, E.L. Colvin, A.K. Vasudevan: Al-Li Alloys, U.S. Patent 5137686 (1992)

[Rös06] J. Rösler, H. Harders, M. Bäker: Mechanisches Verhalten der Werkstoffe. Teubner Verlag, Wiesbaden, 2006, ISBN: 3835100084

[Rom05] M. Romios, R. Tiraschi, C. Parrish, H.W. Babel, J.R. Ogren, O.S. Es-Said: Design of Multistep Aging Treatments of 2099 (C458) Al-Li Alloy. J. Mater. Eng. Perform. 14 [5] 2005, S. 641-646

[Roo08] E. Roos, K. Maile: Werkstoffkunde für Ingenieure. Springer-Verlag, Berlin Heidelberg, 2008, ISBN: 9783540683988

[Sae06] SAE Aerospace, Aerospace Material Specification: AMS 4287, Aluminum Alloy, Extrusion 2.7 Cu - 1.8 LI - 0.7 Zn - 0.3 Mn - 0.3 Mg - 0.08 Zr (2099-T83) Solution Heat Treated, Stress Relieved by Stretching 1 % to 4% and Aged. April 2006

[San11] http://www.smt.sandvik.com/en/materials-center/material-data sheets/ wire/sandvik-bioline-1rk91/ (am 10.12.2011)

[Sau95] G. Sauthoff: Intermetallics. Wiley-VCH, Weinheim, 1995, ISBN: 3527293205

[Sch68] C. M. Schoene: Effects of matrix ductility on copper-zinc/tungsten fiber composites. Materials Science Center, Cornell University, M.S. Thesis, 1968

[Sch70] C. Schoene, E. Scala: Multiple Necking Phenomena in Metal Composites. Metallurical Transactions. 1 [12] 1970, S. 3466-3469

[Sch97] G. Schott: Werkstoffermüdung - Ermüdungsfestigkeit. Dt. Verl. für Grundstoffindustrie, Stuttgart, 1997, ISBN: 3342005114

[Sch06] M. Schikorra: Modellierung und simulationsgestützte Analyse des Verbundstrangpressens. Universität Dortmund - IUL, Dissertation, 2006, ISBN: 3832255060

[Sch07a] M. Schomäcker: Verbundstrangpressen von Aluminiumprofilen mit endlosen metallischen Verstärkungselementen. Universität Dortmund - IUL, Dissertation, 2007, ISBN: 9783832260392

[Sch07b] M. Schomäcker, M. Schikorra, M. Kleiner: Verbundstrangpressen. Fortschr. Ber. VDI Reihe 2 Nr. 661, VDI Verlag, Düsseldorf, 2007, S. 39-67, ISBN: 9873183661022

[Sch07c] M. Schikorra, M. Schomäcker, T. Kloppenborg, E. Tekkaya, K. Weidenmann, E. Kerscher, D. Löhe: Improved Properties of Aircraft Stringer Profiles by Composite Extrusion. Proc. of APT07 - International conference on Applied Production Technology. Bremen, 2007, S. 285-292, ISBN: 9783933762214

[Sch08] A. Schiffl, W. Fragner, C. Kainhofer, K. Papis: Herausforderung bei der Präparation von metallischen Hybridwerkstoffen. G. Petzow (Hrsg.): Praktische Metallographie Sonderband 40, 2008, S. 85-90

[Sho75] M. K. Shorshorov, L. N. Moguchii, L. M. Ustinov, V. I. Zhamnova, M. P. Shebatinov: Investigation of the failure in tension of an aluminum alloy reinforced with steel wire. Strength Mater. 7 [8] 1975, S. 961-965

[Sil11] J. Silvanus: Schweißtechnik in der Luftfahrt. Vortrag beim Deutschen Verband für Schweißen und verwandte Verfahren e.V., Bezirksverband Schwaben, am 12.04.2011 in Augsburg

[Spe72] A.J.M. Spencer: Deformations of fibre-reinforced materials. Oxford science research papers. Clarendon Pr., Oxford, 1972

[Sta00] E.A. Starke, T.H. Sanders, W.A. Cassada: Alternate Heat Treatments of C458 Aluminum Lithium Alloy. Mater. Sci. Forum. 331-337, 2000, S. 655-662

[Sta12] http://stahlbecker.de/sites/default/files/haertevergleichstabelle.pdf (am 17.04.2012)

[Taa04] The Aluminum Association: Teal Sheets - International Alloy Designations and Chemical Composition Limits for Wrought Aluminum and Wrought Aluminum Alloys, Washington D.C., 2004

[Tal81] R. Talreja: Fatigue of composite materials: damage mechanisms and fatigue life diagrams. Proc. of the R. Soc. London, Ser. A: Mathematical and Physical Sciences. 378 [1775] 1981, S. 461-475

[Tal95] R. Talreja: A conceptual framework for interpretation of MMC fatigue. Mater. Sci. Eng., A. 200 [1-2] 1995, S. 21-28

[Tal08] R. Talreja: Damage and fatigue in composites – A personal account. Composites Science and Technology. 68 [13] 2008, S. 2585–2591

[The76] J.J. Theler, A. Wagner, A. Ames: Herstellung von Aluminium/Stahl-Verbundstromschienen mit metallurgischer Bindung zwischen Aluminium und Stahl durch Verbundstrangpressen. Metall. 30 [3] 1976, S. 223-227

[Thi08] L. Thiel: Ermüdungsversuche an drahtverstärkten verbundstranggepressten Aluminiumprofilen zur Herstellung von Luftfahrtstringern. Universität Karlsruhe (TH), Diplomarbeit, 2008

[Vac06] Technisches Datenblatt Nivaflex® 45/18: http://www.vacuum schmelze.de/fileadmin/documents/broschueren/htbrosch/feder werkstoffeenglisch/Nivaflex_45_18.pdf (am 04.01.2011)

[Ven70] M. Vennett, M. Stanley, P. Albert: Multiple Necking of Tungsten Fibres in a Brass-Tungsten Composite. Metall. Trans. B. 1 [6] 1970, S. 1569-1575

[Viv96] M. Vivas, P. Lours, C. Levaillant, A. Couret, M.J. Casanove, A. Coujou: Some Aspects of Precipitation Hardening in Aluminum Alloy 6056 T6 - T.E.M. Experiments. Mater. Sci. Forum. 217-222, 1996, S. 1305-1310

[Wag79] A. Wagner, U. Hodel: Aluminium-/Stahl-Verbundprofile mit metallischer Bindung zwischen Stahl und Aluminium. Metall. 33 [2] 1979, S. 147-151

[Wei05a] K.A. Weidenmann, C. Fleck, V. Schulze, D. Löhe: Grenzflächencharakterisierung in drahtverstärkten Verbundstrangpressprofilen mit Aluminiummatrix. M. Schlimmer (Hrsg.): Verbundwerkstoffe und Werkstoffverbunde. DGM-Matinfo-Verlag, 2005, S.45-50

[Wei05b] K.A. Weidenmann, E. Kerscher, V. Schulze, D. Löhe: Grenzflächen in Verbundstrangpressprofilen auf Aluminiumbasis mit verschiedenen Verstärkungselementen. Praktische Metallographie Sonderband 37, 2005, S. 131-136

[Wei05c] K.A. Weidenmann, C. Fleck, V. Schulze, D. Löhe: Materials selection process for compound-extruded aluminium matrix composites. Adv. Eng. Mater. 7 [12] 2005, S.1150-1155

[Wei05d] K.A. Weidenmann, C. Fleck, V. Schulze, D. Löhe: Analyse der Mikrostruktur und des Eigenspannungszustandes seilverstärkter Aluminiumstrangpressprofile. Materialwiss. Werkstofftech. 36 [6] 2005, S. 307–312

[Wei06a] K.A. Weidenmann, E. Kerscher, V. Schulze, D. Löhe: Mechanical properties of compound-extruded aluminium-matrix profiles under quasi-static loading conditions. Advanced Materials Research. 10, 2006, S. 233-234

[Wei06b] K.A. Weidenmann, E. Kerscher, V. Schulze, D. Löhe: Characterization of the interfacial properties of compound-extruded lightweight profiles using the push-out-technique. Mater. Sci. Eng., A. 424, 2006, S. 205-211

[Wei06c] K.A. Weidenmann, E. Kerscher, V. Schulze, D. Löhe: Materials selection process for compound-extruded aluminium matrix composites. Advanced Materials Research: Flexible Manufacture of Light Weight Frame Structures, Band 10, 2006

[Wei06d] K.A. Weidenmann: Werkstoffsysteme für verbundstranggepresste Aluminiummatrixverbunde, Universität Karlsruhe (TH), Dissertation, 2006, ISBN: 3832257608

[Wei07a] K.A. Weidenmann, Th. Schwind, E. Kerscher, D. Löhe: Zyklische Beanspruchung drahtverstärkter Verbundstrangpressprofile mit Aluminiummatrix. Materialwiss. Werkstofftech. 38 [2] 2007, S. 75-78

[Wei07b] K.A. Weidenmann, C. Fleck, V. Schulze, D. Löhe: Mechanical properties of rope-reinforced aluminium extrusions under quasistatic loading conditions. Int. J. Mater. Res. (früher: Zeitschrift für Metallkunde). 98 [1] 2007, S. 39-46

[Wei07c] K.A. Weidenmann, E. Kerscher, V. Schulze, D. Löhe: Werkstoffsysteme für verstärkte Leichtbauprofile, Fortschr. Ber. VDI Reihe 2 Nr. 661, VDI-Verlag, Düsseldorf, 2007, ISBN: 9783183661022

[Wei08] K. A. Weidenmann, E. Kerscher, D. Löhe: Gefüge und Eigenschaften verbundextrudierter Aluminiumlegierungen. MP Materials Testing. 50 [3] 2008, 133-141

[Wei09] R. Weißenbach: Verbesserung der Werkstoff- und Bauteileigenschaften von, durch Verbundstrangpressen hergestellten, Luftfahrtstringern und daraus gefertigten Paneelen. Hochschule für angewandte Wissenschaften München - FH, Diplomarbeit, 2009

[Wei11] K.A. Weidenmann: Werkstoff- und Fertigungstechnik des Verbundstrangpressens mit modifizieren Kammerwerkzeugen. Karlsruher Institut für Technologie (KIT), Habilitation, 2011

[Wie07] J. Wiedemann: Leichtbau - Elemente und Konstruktion. Springerverlag, Berlin Heidelberg New York, 2007, ISBN: 3540336567

[Wit01] P.J. Withers, H.K.D.H. Bhadeshia: Residual Stress Part 2 - Nature and Origins, Mater. Sci. Technol. 17 [4] 2001, S. 366-375

[Zae09] M.F. Zaeh, A.E. Tekkaya, M. Langhorst, M. Ruhstofer, A. Schober, D. Pietzka: Experimental and numerical investigation of the process chain from composite extrusion to friction stir welding regarding the residual stresses in composite extruded profiles. WPG, Production Engineering - Research and Development. 3 [4-5] 2009, S.353-360

Schriftenreihe
des Instituts für Angewandte Materialien

ISSN 2192-9963

Die Bände sind unter www.ksp.kit.edu als PDF frei verfügbar oder als Druckausgabe bestellbar.

Band 1 Prachai Norajitra
Divertor Development for a Future Fusion Power Plant. 2011
ISBN 978-3-86644-738-7

Band 2 Jürgen Prokop
Entwicklung von Spritzgießsonderverfahren zur Herstellung von Mikrobauteilen durch galvanische Replikation. 2011
ISBN 978-3-86644-755-4

Band 3 Theo Fett
New contributions to R-curves and bridging stresses – Applications of weight functions. 2012
ISBN 978-3-86644-836-0

Band 4 Jérôme Acker
Einfluss des Alkali/Niob-Verhältnisses und der Kupferdotierung auf das Sinterverhalten, die Strukturbildung und die Mikrostruktur von bleifreier Piezokeramik $(K_{0,5}Na_{0,5})NbO_3$. 2012
ISBN 978-3-86644-867-4

Band 5 Holger Schwaab
Nichtlineare Modellierung von Ferroelektrika unter Berücksichtigung der elektrischen Leitfähigkeit. 2012
ISBN 978-3-86644-869-8

Band 6 Christian Dethloff
Modeling of Helium Bubble Nucleation and Growth in Neutron Irradiated RAFM Steels. 2012
ISBN 978-3-86644-901-5

Band 7 Jens Reiser
Duktilisierung von Wolfram. Synthese, Analyse und Charakterisierung von Wolframlaminaten aus Wolframfolie. 2012
ISBN 978-3-86644-902-2

Band 8 Andreas Sedlmayr
Experimental Investigations of Deformation Pathways in Nanowires. 2012
ISBN 978-3-86644-905-3

Band 9 Matthias Friedrich Funk
Microstructural stability of nanostructured fcc metals during cyclic deformation and fatigue. 2012
ISBN 978-3-86644-918-3

Band 10 Maximilian Schwenk
Entwicklung und Validierung eines numerischen Simulationsmodells zur Beschreibung der induktiven Ein- und Zweifrequenzrandschicht-härtung am Beispiel von vergütetem 42CrMo4. 2012
ISBN 978-3-86644-929-9

Band 11 Matthias Merzkirch
Verformungs- und Schädigungsverhalten der verbundstranggepressten, federstahldrahtverstärkten Aluminiumlegierung EN AW-6082. 2012
ISBN 978-3-86644-933-6

Band 12 Thilo Hammers
Wärmebehandlung und Recken von verbundstranggepressten Luftfahrtprofilen. 2013
ISBN 978-3-86644-947-3